Felix von König · Großkraft Wind

Felix von König

Großkraft Wind

weltweit nachgewiesen

Verlag C. F. Müller GmbH Karlsruhe

CIP-Titelaufnahme der Deutschen Bibliothek

König, Felix, von:
Großkraft Wind: weltweit nachgewiesen / Felix von König. –
Karlsruhe: Müller, 1988
ISBN 3-7880-7314-4

Gesamtherstellung: Greiserdruck Rastatt
ISBN 3-7880-7314-4

Inhalt

1 Vorwort

Die überzogene Ölpreisanhebung 1973 durch die Ölländer brachte uns fast für kurze Zeit in die Nähe einer Energiekrise mit allen Folgen. Man erinnerte sich für kurze Zeit wieder der natürlichen Energien. Die bleiben uns ja zu jeder Zeit!
Siebenundsiebzig Forschungsprogramme für die Nutzung der Sonnen-Energie wurden eilig aufgestellt. Für die handlichere Windenergie reichte das Interesse nur für einige wenige Anstrengungen, hauptsächlich nur für große Parade-Anlagen, deren Verwirklichungen keine lebensfähigen Ergebnisse zeitigten.
Inzwischen entspannte sich die Energielage. Die Rührigkeiten liefen wieder aus. Das Interesse an den natürlichen Energien verblich. Der Retter für alle Zeiten sollte die Kernenergie werden, im großen Stil und für immer, obwohl wir selbst fast kein Uran besitzen.
Der GAU im russischen Kernkraftwerk Tschernobyl im April 1986 mit vielen Toten und einer Verstrahlung von halb Europa, sowie das Unglück in Harrisburg, brachten eine neue Zuwendung zu den natürlichen Energien und diesmal, vor allem in den USA, nachhaltiger. Der zähen Weiterentwicklung von Windrädern durch die Kleinindustrie stand über Nacht eine riesige Nachfrage gegenüber. Sie leitete einen Boom ein, der in wenigen Jahren nicht mehr in Größen von Kilowatt, sondern in Megawatt, ja sogar in Gigawatt operierte.
Wir stehen mitten darin.

7981 Berg, Mai 1988 *Felix von König*

2 Einführung

Dreitausend Jahre lang war die Windkraft fast die einzige Energie, die den Menschen zur Verfügung stand. Im Mittelalter wurden die Windmühlen zu brauchbaren Maschinen entwickelt und erbrachten in der Neuzeit bereits Leistungen von 20 Kilowatt und mehr. Nach der Renaissance nahmen sich die Physiker und Mathematiker der aerodynamischen Gestaltung der Flügelblätter an. Es waren vor allem Bernoulli 1738, Smeaton 1752 und Euler 1756, die unabhängig voneinander die Flügelverschränkung berechneten. Aber es war zu früh. Man beließ es bei der überlieferten allgemeinen Schrägstellung der Flügel bis ins zwanzigste Jahrhundert, wo Eiffel und la Cour in eigenen Versuchsanstalten praktische Werte für die Mühlenbauer lieferten. Ein durchgreifender Wandel trat erst durch Betz ein, der mit Hilfe des Göttinger Windkanals und den abgeleiteten Gleichungen klare Konstruktionsdaten für die Flügelbreiten und deren Anstellungswinkel bestimmte, die heute noch gelten. Von 1925 an konnte jeder aerodynamisch optimale Flügelblätter entwerfen.

Die praktische Durchführbarkeit wurde im großen Stil erst Ende der sechziger Jahre möglich, als die glasfaserverstärkten Kunstharze aufkamen. Die Durchsetzung der Planetengetriebe, der umschaltbaren Generatoren und die elektronischen Steuerungen ermöglichten die Massenerzeugung von hochwertigen Windkraftanlagen.

Seit einigen Jahren, etwa seit 1982, stellen weltweit über hundert Firmen Windenergiekonverter her, deren installierte Leistung täglich um einige Megawatt wächst. Die Windenergie beginnt wieder eine Großkraft zu werden. Sie ist nicht mehr aufzuhalten.

3 Die Energiebilanz der Bundesrepublik

Der Energiefluß eines Industriestaates verästelt sich in viele Kanäle und Medien, wie Kohle, Öl, Gas, Uran und elektrischen Strom. Die Energieversorgungsunternehmen jeder Art stellen die jeweilige Energieform an jedem gewünschten Ort und in jeder Menge abrufbereit zur Verfügung. Ein Schaubild (RWE) gibt einen guten Überblick darüber und zeigt auch den unbefriedigenden Betrag der natürlichen Energien auf, der sich in den letzten zwanzig Jahren kaum verändert hat. Zwanzig Jahre wurden vergeudet. Der Anteil der natürlichen Energien ist nahezu null. Das ist unverantwortlich. In zwanzig Jahren wurde nicht einmal ein Promille an alternativer Energie aufgebaut, obwohl wir sie schon in kurzer Zeit dringend benötigen.

Ohne die Selbstheilungskräfte des Volkes müßte man verzweifeln. Die Sünden der letzten zwei Jahrzehnte, in denen keine alternative Energie aufgebaut wurde, bestehen nicht nur durch die Zeitverluste. Das Energieflußbild weist auch die Verluste der Umwandlung in Strom oder Kraft aus. Von den 390 Millionen Tonnen Steinkohle-Einheiten SKE im Jahr belasten 243 Mill. Tonnen unsere Umwelt, ohne irgend etwas für uns zu leisten. Jede Stunde werden 27,6 Tonnen Ruß und Abgase in die Atmosphäre und auf die Felder geblasen, tagaus, tagein. Wie lange soll das noch gut gehen? Wir alle wissen den Ausweg: Er heißt Wasserstoff! Wir wissen auch, daß dieser Wasserstoff weder mit fossiler Energie noch mit Kern-Energie hergestellt werden darf, sondern nur mit Sonnen- oder Windkraft. Doch was tun wir? Wir nehmen es hin, daß der Staat und die Demokratie gesetzlich dem Volk Schadstoffkonzentrationen zumuten, die, wenn nötig, jederzeit angehoben werden können.

Der Primär-Energieverbrauch ist in den letzten Jahren nur noch um 1,4% jährlich gestiegen. Das ist eine Menge, die man heute mit den derzeitigen Herstellungskapazitäten allein mit der Windenergie zur Hälfte hätte auffangen können. Der Jahresenergiebedarf wird vermutlich 400 Mill. Tonnen SKE kaum überschreiten. Nachdem die Stromreserve mehr als ausreichend ist und zu jeder Zeit war, hätte man nun wirklich Zeit, eine alternative Energie-Kapazität aufzubauen. Es ist unsere letzte Atempause.

4 Die wichtigsten alternativen Energien

4.1 Sonnenenergie

Unsere Sonne, von der wir alle leben, ist ein unermeßlicher Energiespender, der so mächtig ist, daß er das Millionenfache des Energiebedarfes aller Menschen befriedigen kann. Die anfallende Wärme-Energie beträgt je Quadratmeter auf der Erde rund 1000 Watt. Sehen wir hier von der auch wichtigen Nutzung durch Kollektoren für Niedertemperatur ab, die viel zu wenig eingesetzt werden, und betrachten die direkte Umsetzung der Sonnenstrahlung in elektrischen Strom mittels Solarzellen. Ein Quadratmeter Solarzellen erbringt rund 100 Watt an elektrischer Leistung. Für den mitteleuropäischen Bereich, also auch in der Bundesrepublik, kann man mit folgender Jahreserzeugung in Kilowattstunden rechnen:
Die Statistik weist im Jahr 2900 Sonnenstunden aus. Nach Abzug der Stunden mit bedecktem Himmel verbleiben noch 1020 Stunden. Zwanzig Prozent der Früh- und Abendstunden haben nur eine geringe Strahlungs-Intensität. Damit verbleiben uns 820 h/a wertvollste Betriebsstunden für die Solarzellen-Nutzung in unseren Breitengraden. Das ist immer noch viel mehr, als wir benötigen. Die Jahres-Stromausbeute eines Quadratmeters Solarzellen beträgt somit $820 \times 100 = 82\,000$ Wh also 82 kWh.
In den Jahren 1987 und 1988 wird in der Oberpfalz ein Forschungsprojekt mit fünfzig Millionen Mark errichtet. Die Leistung soll 500 kW erreichen. Das ist an sich sehr erfreulich. Doch, wie man leicht errechnen kann, kostet bei diesem Projekt das Kilowatt 100000 DM. – Die Solarfläche selbst dürfte heute 25000 DM erfordern. Der Rest von 75000 DM/kW fällt auf die Gesamtanlage, Module, Steuerungen, Automatik, Elektronik, eine 500-kW-Wasserstoff-Erzeugungsanlage und die Forschungskosten. Der Schlußbericht wird lauten: „Es geht, ist aber zu teuer!" Als direkte Förderungskosten für Privatanlagen wäre das Forschungskonzept um ein Vielfaches wirtschaftlicher.

Eine Vergleichsrechnung mit einer 500 kW-Windkraftanlage ergibt folgendes Bild:
Der Wind hat keine Leistungskonstante wie die Sonne. Er bringt ein veränderliches Leistungsangebot von Null bei Flaute bis zu 100 Watt bei einem Wind von 6 bis 7 m/s, bei mittleren bis guten Winden schon 300 Watt und bei starken Winden etwa 800 Watt. Die Baukosten für eine Windkraftanlage mit 500 kW Leistung liegen heute bei etwa 3000 DM/kW. Für die Hydrieranlage muß man rund 4000 DM/kW einsetzen. Mit den Nebenkosten kommen 10000 DM/kW heraus, also 5 Millionen Mark. Das ist der zehnte Teil der Kosten für das Solarprojekt in der Oberpfalz, dessen Ort jedoch gut ausgewählt ist, denn Solaranlagen sind in windschwachen Gebieten geschützter und damit vorteilhafter, während Windkraftanlagen natürlich in windstarken Gebieten installiert werden.
Die häufig geäußerte Idee, die Sonnenenergie im großen Stil für uns zu nutzen, indem man große Sonnenfarmen zum Beispiel in Saudi-Arabien für uns errichten läßt, ist wohl eine Überforderung eines internationalen Wohlwollens unserer Partner, die überhaupt keine Veranlassung haben, solche Riesenfelder im Sandschliff zu warten und uns den Strom, beziehungsweise den Wasserstoff zu überlassen. Es wäre nur eine Abhängigkeit mehr.

4.2 Die Wasserkraft

Wenn man die Rechte der Natur beachtet, ist die Wasserkraft die ideale Energie. Sie bietet große Leistungen an, ist sauber und absolut umweltfreundlich. Der Leistungsbereich einer Turbine liegt zwischen 1 kW und 750000 kW. Werksleistungen bis 10 Millionen kW (10 GW) wurden schon errichtet. Neue sind in Planung.
In der Bundesrepublik ist das Angebot an Wasserkraft jedoch schon zu über neunzig Prozent ausgebaut. Doch kleine Flußkraftwerke und mittlere Hochdruck-Wasserkraftanlagen können noch wirtschaftlich dazukommen. Jedes Wasserkraftwerk verbessert, wenn es verantwortungsvoll errichtet wird, die Verhältnisse unserer im argen liegenden Natur.

4.3 Biomasse

Die Vergärung der Biomasse, die vorwiegend aus pflanzlichen Abfallstoffen und Exkrementen besteht, ist nicht nur wegen des anfallenden Methan-Gases wertvoll, sondern ebenso zur Verbesserung des Grundwassers und eines schadfreien Düngers notwendig. Nebenbei bringen die Biogasanlagen eine Modernisierung der landwirtschaftlichen Betriebe und eine finanzielle Entspannung mit sich. Die Aufstellungen millionenschwerer Großbiogas-Anlagen haben den Bauern kaum etwas gebracht.
Hier soll uns jedoch nur die energetische Nutzung von Biogas-Anlagen beschäftigen.
Wir haben in der Bundesrepublik 450000 landwirtschaftliche Betriebe, die eigentlich alle Biomasse-Fermenter notwendig hätten. Es müßte leicht möglich sein, jährlich ein Prozent der Höfe mit Biogas-Anlagen auszurüsten, also in zehn Jahren 10%, beziehungsweise 4500 Betriebe. Bei Unterstellung von mittleren Hofgrößen fällt neben dem Naturdünger eine Leistung aus dem Methangas von 10 kW an. Das ergibt zusammen eine Stromerzeugung im Jahr von etwa 2000 Millionen kWh, (2 TWh).
Selbstverständlich tickt es sofort in den Köpfen der Energie-Wirtschaftler und läßt die Gedanken kreisen, daß wir ja nur energiereiche Pflanzen wie Mais, Zuckerrüben oder Kartoffeln als Energieplantagen anbauen und mit ihnen über Biogas-Anlagen Methan erzeugen müßten, um die Zweitwagen der Bevölkerung betreiben zu können. In Brasilien und den USA geht man schon diesen Weg bis zu einem gewissen Grad. Um den Kraftstoff-Bedarf der USA zu decken, wären Energieplantagen nötig, die zweimal so groß sind wie die Bundesrepublik. Das gäbe der Natur den Rest. Die Erwägung der Bundesregierung, Energiefarmen auf den nicht genutzten Äckern entstehen zu lassen, ist unverantwortlich. Der Ausfall der Sauerstoff-Erneuerung infolge der Rodung der Wälder wäre ebenso schlimm, wie die unvorstellbaren zusätzlichen Pestizide und Kunstdünger mit seiner Stickstoff-Vergiftung des Grundwassers.
Die Erwägung der Bundesregierung, Energiefarmen auf den ungenützten Äckern aufzubauen, ist nicht zu verantworten.

4.4 Kernenergie

Eine Bemerkung zur Kernkraft ist deshalb notwendig, da diese unter dem staatlichen Protektorat eine wirtschaftliche Dominanz erreicht hat, die alle natürlichen Energien behindert und den Eindruck entstehen läßt, daß diese nicht notwendig sind und kaum etwas zur Energiestützung beitragen können.
Die Kernkraft wird gerne in die Reihe der Alternativ-Energien einbezogen, da sie ohne Verbrennungsvorgänge auskommt. Die Kernkraft galt lange Zeit als sauber, weil man die Schadstoff- oder Strahlungsemissionen nicht sieht, doch die langzeitlichen Messungen und Untersuchungen haben eindeutig ergeben, daß in den näheren Einzugsgebieten der Kernkraftwerke die Krebserkrankungen, Mißgestaltungen und Gehirnschädigungen rund zehn mal so häufig sind wie in fernen Gebieten, ohne daß ein Kraftwerks-Unfall passiert oder bekannt ist.
Vor rund 35 Jahren, als endgültig feststand, daß die kontrollierte Kernspaltung möglich ist, hoffte man auf eine Energie für alle Zeiten. Inzwischen hat sich die Hoffnung bis auf wenige Jahrzehnte aufgelöst. Es war eine elegante technische Großleistung, deren Pferdefuß noch nicht sichtbar war. Als erster erhob Einstein seine warnende Stimme: „Die entfesselte Macht des Atoms hat alles verändert, nur nicht unsere Denkungsweise. Auf diese Art gleiten wir einer Katastrophe ohnegleichen entgegen!"
Es nutzte nichts, wenn der technische Aufwand für die Sicherheit der Anlagen ins Astronomische stieg, denn absolute Sicherheit ist nicht garantiefähig. 1969 erlitt die Schweiz eine Kernschmelze, 1979 erlebte Windscale (GB) und Harrisburg in den USA eine Kernschmelze von 45% mit Folgen, die wir nicht voll erfuhren. 1986 schmolz der Urankern in Tschernobyl in der UdSSR mit einer Verstrahlung von halb Europa. Innerhalb der Kernkraftzeit geschah alle acht Jahre ein GAU mit mehr oder weniger glücklichem Ausgang. In der Bundesrepublik spricht man von vier Kernkraftwerken im Zusammenhang mit einer gewissen Möglichkeit einer Kernschmelze (Brokdorf, Brunsbüttel, Stade, Krümmel).

Wie schreibt doch die „Gesellschaft für Reaktorsicherheit GRS"? „In der Bundesrepublik Deutschland werden Unfälle mit schweren Kernschäden dem Bereich des Restrisikos zugeordnet." So einfach ist das.
Auch wenn es nicht entscheidend sein dürfte, so interessiert doch die Wirtschaftlichkeit der Kernenergie. Innerhalb von 9 Jahren stieg der Uranpreis von 12 auf 80 Dollar je Kilogramm. Die Forschungskosten von 25 Milliarden und die Aufbereitungsanlage von 10 Milliarden Mark müßten eigentlich allein schon den Kernkraftstrom sehr teuer machen. Der Baupreis ist in den letzten 10 Jahren auf das Dreifache angestiegen. Durch große Punktleistungen der 1,3 GW-Anlagen mußte ab 1972 das Hochspannungs-Verteilungsnetz um 60% erweitert werden. Es müssen außerdem große Rückstellungen für die endgültige Außerbetriebnahme gemacht werden. Das alles sind Unkosten, die ein „klassisches" Kraftwerk nicht belasten. Vom billigen Atom-Strom spricht man nur bei uns und zeigt den Sammelschienen-Preis vor.
Sechzehn Kernkraftwerke wurden bei uns ohne Not gebaut. Unsere Leistungsreserven waren zu jeder Zeit ausreichend. Man legte Werke still und nahm die Braunkohle einfach aus der Statistik und schon bekamen die Argumente Gewicht: „Wenn die Kernenergie nicht mit höchster Marschgeschwindigkeit ausgebaut wird, bricht die Energieversorgung der Welt zusammen!" Es mußte natürlich gleich die Welt sein. Nun, welche Regierung greift da nicht gleich in die Speichen?
Die Klarstellungen sind deshalb hier so notwendig, weil unentwegt Behauptungen über den geringen Wert und die hohen Kosten der natürlichen Energie verbreitet werden.
Das einzige Land, das auf den Unfall in Harrisburg umgehend reagierte, waren die USA, die ihre Kernkraftbestellungen annullierten und u. a. auch die Windkraft förderten und Gesetze erließen, die jedes EVU verpflichtete, jeden Strom, auch den Windkraftstrom, in ihr Netz aufzunehmen. Der Erfolg war, daß allein in den Jahren 1983 bis 1986 eine Windkraft-Leistung von über einem Gigawatt an das öffentliche Netz eingeleitet wurde. Es waren vor allem europäische Windkraft-Anlagen, darunter auch deutsche Anlagen, die

nie eine Förderung gesehen hatten. Seit dieser Zeit läuft das Windrad-Geschäft.
Wie sehr man den Ausbau mit Kernkraftwerken überzogen hatte, sieht man daraus, daß der Kernkraft-Schmiede KWU die Aufträge nunmehr so fehlen, daß die KWU 1987 wieder in die Stammfirma integriert wurde.

5 Die Vorläufer der heutigen Windkraftanlagen

Bis vor zweitausendfünfhundert Jahren war die Muskelkraft die einzige Energie, die den Menschen zur Verfügung stand. In einer Zeit, in der neben einigen Handwerkern nahezu fast alle Menschen im Ackerbau arbeiteten, reichte das aus. In der Großfamilie saß immer einer am Reibstein, andere holten Holz oder Wasser oder webten. Erst die dichtere Besiedelung verlangte Handwerksbetriebe wie Mühlen oder Werkstätten. Doch die Energie brachten immer noch die Muskelkräfte ein. Göpel und Treträder schufen größte Leistungen und starben erst in unserem Jahrhundert aus. Seit etwa zweitausend Jahren drehen sich Wasserräder und Windmühlen. Die unregelmäßige Kraft des Windes war unwesentlich. Nichts eilte. Des Menschen Engel ist die Zeit, konnte Schiller noch sagen.
Die Teilung der Berufe in den Werkstätten ließ immer bessere Maschinen entstehen.

5.1 Widerstandsnutzung

Von der Seefahrt her kannte man die Kraft des Windes. Man stellte Stoff- oder Lederflächen quer zum Wind an den Masten der Schiffe. Der Widerstand der Segel im Wind „schob" das Schiff vor dem Wind durch die Meere. Genau das gleiche Prinzip übertrug man auf den Mühlenantrieb. Senkrechte Bretter an einer senkrechten Welle drehten durch den Widerstand des Windes die Mühlen: Diese Holzflügel haben aber immer eine kleinere Geschwindigkeit als der Wind, sonst wäre keine Kraftübertragung möglich. Dadurch entstehen Wirbel und ein Teil der Luft wird den Brettern ausweichen. Die Energieverluste sind erheblich. Nur der vierte Teil der Windkraft kann genutzt werden. Die Wirkungsgrade von Windrädern, die mit der Widerstandsnutzung arbeiten, erreichen gerade zehn bis maximal 15 Prozent. Noch eine andere Tatsache ist für den schlechten Wirkungsgrad verantwortlich. Ein Windrad mit stehen-

Afghanische Getreide-Mühle Foto Huber, 1975

der Welle hat immer eine Radhälfte, die vom Wind angetrieben wird und eine Hälfte, wo die Flügel gegen den Wind laufen. Diese entgegenlaufende Seite muß entweder durch die Formgestaltung einen geringeren Widerstand haben oder durch feste Körper abgedeckt werden. Später hat man auch um die ganze Widerstandsturbine ein festes Leitrad gelegt, dessen Schaufeln so gekrümmt waren, daß sie den eintretenden Wind zur der aktiven Radhälfte lenkten. In einigen Gegenden ist es sogar möglich, eine gemauerte Leitwand vor die gegenläufige Radhälfte zu stellen. Das ist aber nur da möglich, wo die Windrichtung das ganze Jahr über gleich bleibt.

Die Flügel bestehen hier aus einem Strohgeflecht, dessen Material in Fülle vorhanden ist. Einige solcher Mühlen, die auf ein Alter von fast tausend Jahren zurückschauen können, erfüllen heute noch ihre Aufgabe. Sonst müßten die Bewohner wie eh und je das Getreide mit dem Handreibstein mahlen, wie dies in manchen Ländern Afrikas auf dem Land noch der Fall ist.

Ganz aussterben werden die Windräder mit Widerstandsnutzung trotz ihrer geringen Leistung wohl nie. Vor allem für die Bewässerung von kleineren Äckern, wo nur geringe und gelegentliche Leistungen erforderlich sind, trifft man sie in aller Welt, ob arm oder reich, noch an, so zum Beispiel in Nebraska/USA, wo die einfachen und billigen Holzkonstruktionen absolut sinnvoll sind.

5.2 Auftriebsnutzung

Es waren wohl die Seefahrer, die zu Hause für die Mühlen ihrer Familie zum Antrieb Segel setzten. Sie hatten inzwischen gelernt, daß zum Wind schräg gesetzte Segel zu

Segelwindmühlen auf Mykonos 1977

höheren Fahrgeschwindigkeiten führen, weil ein sanft in die Segelfläche einfallender Wind wirbelarm an den Segeln wirkt. Diese Mühlensegel waren relativ kleine Dreieck-Segel, die so locker geführt waren, daß sich das Segel in die Anströmrichtung optimal bauschen konnte. Die Segelwindmühlen sind sehr alt und sind im Mittelmeer-Raum noch recht häufig anzutreffen. Ihr Wirkungsgrad erreicht etwa 22 Prozent.

Die Windpumpen, die heute wieder eine große Zukunft in allen Erdteilen haben, laufen im mediterranen Gebiet in großer Anzahl mit Windrädern von etwa fünf Meter Durchmesser, auch in windschwachen Gebieten mit der Aufgabe, die Felder zu bewässern. Auf Kreta waren bis vor 50 Jahren an die 20 000 solcher Anemonen allein im Lassithi-Tal in Betrieb.

Die Regelung des Bewässerungsgrades ist an sich kompliziert, da das Grundwasser nur in engen Grenzen variieren darf. Außerdem darf die Bewässerung nur in den Nachtstun-

Windpumpen auf Kreta in der Lassithi-Ebene 1977

den erfolgen, damit die Sonne das Wasser nicht verdunsten kann. Ein kluges System hat folgende Regulative eingeführt: Der Windraddurchmesser muß kleiner als sechs Meter sein. Die Leistungs- und Drehzahlregelung geschieht durch das Auf- oder Abtakeln von einzelnen Segeln. Der Wasserspeicher darf nicht größer sein als ungefähr 10 m^3 Fassungsvermögen, damit niemand Wasser horten kann, auf Kosten anderer. Bei der Beobachtung fällt auf, daß sich gleichzeitig höchstens 20 bis 30 Prozent der Windpumpen drehen. Das reicht aber aus, um die Speicherbecken bei einer Füllung von etwa 40 Prozent zu halten. Heute mögen etwa 2 000 bis 3 000 Windräder noch in Betrieb sein. Die vielen „Anemonen“ stören in der Landschaft nicht. Sie laufen völlig geräuschlos.

Schon vor neunhundert bis tausend Jahren reichten die Leistungen von rund 1 Kilowatt oft nicht mehr aus. Um diese Zeit ist eine der ältesten Standard-Mühlen entwickelt worden, die immer noch erhalten oder gebaut und genutzt

Verschiedene Standard-Mühlen auf Öland/ Schweden

werden. Es ist die deutsche oder wendische Windmühle. Durch die Einfachheit der Konstruktion und ihre Vielfältigkeit war sie noch zu einer Zeit, in der schon die Holländer-Mühle ausgereift war, noch eine ernste Konkurrenz geblieben. Die deutsche Windmühle war billiger und vieles an ihr konnte der Müller selbst herstellen.

Alles an diesen Mühlen war aus Holz gebaut, ob es sich um Traglager oder Getriebe handelte. Auch die Flügel bestanden selbstverständlich aus Holz wie die Fundamente. Nur die Mahlsteine waren aus Stein. Die Nennleistungen der Mühlen lagen bei fünf Kilowatt. Wenn der Wind seine Richtung wechselte, wurde die ganze Mühle auf dem Bock in die Windrichtung gedreht. Im Stillstand konnte man von weitem den Grund der Mahlpause aus der Flügelstellung ersehen. Die Stürme aber waren das Geschick der Müller. Es war deshalb üblich, einen Satz Reserve-Flügel neben der Mühle zu lagern und das Geld für einen weiteren Satz in der Truhe vorzuhalten.

Mit der geistigen Belebung der Renaissance begann die breite wissenschaftliche Denkungsweise, die auch vor den Windmühlen nicht Halt machte, obwohl sie in Jahrhunderten schon gut entwickelt waren. Lediglich die Flügelblätter hatten in vierhundert Jahren keine Veränderung erfahren. Sie taten ihre Arbeit. Das Wort „Wirkungsgrad" entbehrte noch der magischen Kraft. Doch die Leistungsforderungen stiegen mit den neuen Aufgaben. Fünf Kilowatt waren zwar immer noch eine schöne Leistung, die der Dauerleistung von zehn kräftigen Pferden entsprach, aber manche Arbeiten mußten ununterbrochen geschehen, wie zum Beispiel die Entwässerung der Deiche, besonders in den Niederlanden. Mühlenbaumeister und Ingenieure erhöhten die Windraddurchmesser und die Mühlenleistungen bis auf nahezu 50 kW. Vor 200 Jahren erreichten die Raddurchmesser Werte von 30 m. Das sind Ergebnisse, an denen wir heute scheitern würden, wenn wir nur die damaligen Werkstoffe zur Verfügung hätten.

Mit der Verbreitung der Kunstmühlen mit ihren Walzenstühlen und Mahlmöglichkeiten haben die Windmüller schnell an Boden verloren. In diese Zeit fiel die Besiedelung von Nordamerika mit Europäern, die den Umgang mit Wind-

Zaandijk Kornmühle, Baujahr 1656, Windraddurchmesser 22,5 m/ Holland

mühlen kannten. Sie bauten in den bereits sicheren Gebieten deutsche und holländische Windmühlen. In den großen Eroberungsgebieten fiel und stand die Besiedelung mit der Möglichkeit, Trinkwasser zu fördern. Hier kam gerade zur rechten Zeit die Entwicklung des sogenannten Westernrades um 1854 von Halladay. Es erschien in großer Stückzahl 1883 auf dem Markt und verbreitete sich in wenigen Jahrzehnten mit fünf Millionen Stück über das ganze Land.

Amerikanische Windturbine, auch Westernrad genannt, Durchmesser 6 m mit 24 Flügelblättern und Windfahne

Selbst die Eisenbahnen kamen auf ihren Stationen nicht ohne das Westernrad aus. Wie sollten die Dampflokomotiven sonst ihre Tender mit Wasser befüllen?
Die Suche nach einem leistungsstarken Windrad mit senkrechter Welle, also einem Windenergiekonverter, der ohne eine Regelung den Wind aus jeder Richtung verarbeiten kann, hat 1925 durch Darrieus ihren Abschluß gefunden. Mit seiner „Pananemone" gelang es ihm, mit starr angeordneten gebogenen Flügelblättern am Kreisumfang einen Auftrieb an den symmetrischen Profilen zu erzeugen. Sein genialer Trick war im Grunde sehr einfach. Er verwendete superschmale Blätter, die zu einer großen Umfangsgeschwindigkeit führen. Dabei ist die Umfangsgeschwindigkeit so hoch gewählt, daß sie mit dem Vektor der Windrichtung zusammen eine Anströmrichtung zum Flügel bildet, der fast an jeder Stelle des Umkreises eine Auftriebskraft

bildet und die Rotation der Turbine herbeiführt. Darrieus baute schon 1929 einen Rotor mit einem Durchmesser von 20 Metern bei Bourget in Frankreich. Es dauerte volle fünfzig Jahre, bis man sich der Pananemone erneut annahm. Durch die aerodynamischen Kompromisse, die man bei dieser Konstruktion machen muß, erreicht der Wirkungsgrad des Darrieus-Rotors 38 Prozent. Das liegt um 10 Prozentpunkte unter dem Propellersystem.

Mit reichlichen Forschungsgeldern versehen, entstand 1976 ein 2-kW-Darrieus-Rotor, der sich auf der Insel Pellworm bewährte.

Die vorgestellten Vorläufer der heutigen Windenergiekonverter (WEK) über die Jahrhunderte waren notwendig, um den Weg zu unseren hochwertigen Flügelprofilen und Technologien zu finden. Das Propeller- und Darrieus-Prinzip

20-kW-Darrieus-Rotor von Dornier/Zeppelin in Comodoro Rivadavia/ Argentinien

Aerodynamisch geformtes Kunststoff-Flügelblatt, hier von AEROSTAR: Das Bild zeigt mit aller Deutlichkeit die Notwendigkeit der Verschränkung.

haben sich als die effektivsten und wirtschaftlichsten herausgestellt. Die Daten sind bekannt, und die Werkstoffe liegen mit den Glasfaserkunststoffen (GFK) beziehungsweise den Kohlefaserstoffen (CFK) vor. Doch es gibt immer noch viele Möglichkeiten in der Auslegung der Modelle, der Daten und der Regeleinrichtungen und die Einflüsse von Windstärken, Klimata und die Wünsche der Betreiber, die eine Vielfalt von Konstruktionen erfordern. Die Einzel-Elemente der Windkraftanlagen werden sich jedoch immer mehr gleichen.

Die aerodynamischen Gesetze verlangen zwingend eine bestimmte Blattform im Hinblick auf Breite und Verschränkung. Schon seit Jahren halten die Hersteller ein großes Sortiment von Kunststoff-Flügeln auf Lager, die den Normen der NACA/USA oder Worthmann/BRD entsprechen. Die Zeit der Forschung muß nun durch die ingenieurmäßige Entwicklung abgelöst werden.

6 Terrestrische Windkraftnutzung

6.1 Forschungsanlagen

Der Weg für den Einsatz der Windenergie für die Stromerzeugung war in den sechziger Jahren klar. Nur der schnellaufende Windenergiekonverter in Propellerform oder als Darrieus-Rotor kam in Frage. Diese mußten weiterentwickelt und meßtechnisch erfaßt werden. Die bisherigen Leistungen von fünf bis zehn Kilowatt waren zu klein.

Die Industriestaaten stellten Programme auf und förderten die einschlägige Industrie, eventuell auch Klein-Unternehmer oder gar Privatpersonen, die WEK bauen wollten. Doch das war die Ausnahme. Später wurden Testzentren zur Verfügung gestellt. Es war kein guter Einfall bei uns, die Windkraft-Forschung der Kernforschungsanlage Jülich zu unterstellen.

In den USA und in den skandinavischen Ländern wurde die Förderung sehr liberal gehandhabt und zeitigte schnell Erfolge bei Groß- und Kleinanlagen. In der Bundesrepublik arbeitete die staatliche Forschung nahezu ausschließlich mit der Großindustrie zusammen, mit der sie schon in Verbindung stand. Das führte natürlich zu engen Verbindungen und zu dem unseligen Gedanken, beweisen zu wollen, daß die Windkraft nicht fähig ist, einen meßbaren Beitrag zur Energieversorgung zu leisten. Das Gegenteil war eigentlich die Aufgabe. Der Ablauf der Tätigkeit der einzelnen Stellen mußte mißraten. Das Schauprojekt GROWIAN I mit einer Leistung von 3000 kW wurde mit 94 Millionen durchgezogen. Im Gründungsprotokoll der 1977 entstandenen Gesellschaft zum Bau der Windkraftanlage GROWIAN wurde schon festgehalten, daß bei negativem Ausgang des Projektes erwiesen ist, daß die Windenergie für die Energieversorgung nicht brauchbar ist. Als Hauptdaten des GROWIAN I waren festgelegt:

- Windraddurchmesser 100,4 Meter
- Leistung 3 MW bei einem Wind von 11,2 m/s
- Nenndrehzahl 18 rpm, Generator-Drehzahl 1500 rpm
- Zwei Flügel für eine Schnellaufzahl von 8,4
- Turmhöhe H = 96,9 Meter

Mit dem Bau des GROWIAN I wurde am 15. Mai 1981 begonnen. Am 17. Oktober 1983 wurde er in Betrieb genommen. In den drei Jahren bis zum Oktober 1986 lieferte das Werk insgesamt 80000 kWh in das Netz. Das entspricht einer Vollastzeit von 27 Stunden. Das Werk ist über das Versuchsstadium nie hinausgekommen. Es ist zwar als ästhetisch schön zu bezeichnen, auch der maschinenbauliche und elektrische Teil des Werkes ist einwandfrei, aber das Konzept war falsch.

Man kann nicht einen Schnelläufer mit einer Flügellänge von 50 Metern bei einer Leistung von 3000 kW und böigem Wind abfangen wollen. Das hält kein Material aus.

Der Forschung ist vorbestimmt, die Grenzbereiche in Technik und Wissenschaft zu untersuchen und eventuell hinauszuschieben. Das ist ihre Stärke. Die praktische Ausführung muß autark in den Händen des Ingenieurs liegen. Wird diese Arbeitsteilung mißachtet, dann ist das Ergebnis gefährdet, wie auch das nächste Beispiel offenlegt.

Theoretisch ist es richtig, daß mit der höheren Rotordrehzahl die Gewichte des Rotors, des Generators und des

Maschinengondel des 3-MW-GROWIAN I

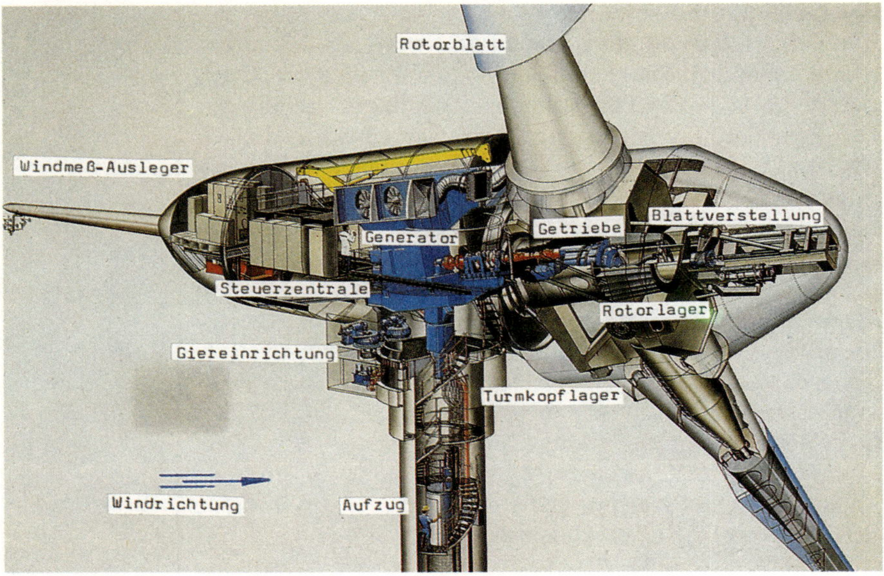

Getriebes gemindert werden und das ist auch erstrebenswert. Mit der zunehmenden Drehzahl einer Strömungsmaschine nimmt aber die Breite der Flügel ab. Die Flügelblätter werden immer schmäler und damit statisch schwächer.
Im November 1976 erhielt die Voith Getriebe KG vom Forschungsministerium den Auftrag zum Bau eines zweiflügeligen, axial durchströmten WEK hoher Schnelläufigkeit. Hier sind zwei Daten vorgegeben, die erst im Windkanal hätten gefunden werden müssen. Das ist die Flügelzahl und die Schnellaufzahl. Der WEK sollte eine Leistung von 265 kW bei einem Windraddurchmesser von 52 m und einer Schnellaufzahl von $\lambda = 16$ haben. Bei der Rechnung kam die Blatt-Silhouette einer Schwalbe heraus, und niemandem kamen Bedenken.
Was zu befürchten war, trat ein. Die Flügelblätter bekamen Längsrisse. Die Anlage steht seitdem und wird wie der GROWIAN abgebaut.
Der Überhang der Technik verführt dazu zu glauben, daß alles, was denkbar, auch machbar ist. Gewagte Konstruktionen werden ohne Bedenken hingestellt und zwar um so leichter, je mehr die Gelder von außen kommen. So entstanden die elegantesten Ruinen.
Auch das Schicksal eines anderen Exoten der Windkrafttechnologie kann uns einiges lehren. Nach der reinen Theorie ist der Wirkungsgrad eines einflügeligen Windrades maximal. Die Theorie ist natürlich absolut richtig, erhält aber durch die schnöde Praxis einen ziemlichen Stoß. Das Forschungsministerium plante zusammen mit Messerschmitt-Bölkow-Blohm (MBB) den GROWIAN II als Einblatt-Rotor mit 5000 kW und einem Aktions-Durchmesser von 145 Meter.
Als Vorstufe wurde 1981 mit 36 Millionen DM die Planung des GROWIAN II und die Erstellung einer Testanlage von 370 kW eingeleitet. Dieser „Monopteros“ von MBB erhielt 1982 einen Design-Preis.
Der notwendige Querschnitt des Flügels in Achsnähe aus Festigkeitsgründen machte allerdings die Wirkungsgradvorstellungen wieder zuschanden.
Es besteht eigentlich kein Anlaß für Einblatt-Rotoren mit ihrer höheren Drehzahl und entsprechenden Geräuschen.

Am 15. 7. 1985 verlor der „Monopteros“ bei einem böigen Sturm einen Teil seines Flügels. Das Gegengewicht zum Flügel kann nur die Masse des Flügels ausgleichen aber nicht die Sturmkräfte. Uns fehlt es zur Zeit etwas an der Ernsthaftigkeit im staatlichen Windrad-Bau. Wenn allerdings die Presse den Bruch des Flügels, etwas durchsichtig, als das Ende alternativer Träume bezeichnet, dann irrt sie.
Daß andere Staaten im Großwindkraftbau erfolgreicher waren, ist vor allem damit zu erklären, daß sie mit großer

Voith, 265-kW-Anlage mit extrem hoher Schnellaufzahl, 1981

Verantwortung an die neue Aufgabe herangingen. Sie bekannten sich zur Windenergie als eine naturfreundliche Energie für alle Zeiten. Sie förderten nicht Staats-Entwürfe und -Bauten, sondern jeden, der solide Anlagen zu errichten willens war.
So entstanden in den USA, wo 1979 das DOE-Wind Energy Program aufgestellt wurde, gleichzeitig Großprojekte, eine Kleinindustrie für kleinere Windräder, sowie mehrere Testgelände, wie das Rocky Flats Center, auf dem etwa 50

Monopteros von MBB, 370 kW, D = 48 m

Windkraftanlagen von privaten Personen getestet wurden. Daneben wurden die Firmen NASA, Boeing und General Electric beauftragt, Großanlagen zu entwickeln.

Die bekannten Modelle der MOD-Serie von MOD 0 bis MOD 5 entstanden in wenigen Jahren. Vorrang bei allen Entwürfen hatte die Sicherheit ohne Kompromisse. Trotz deutscher Beratung widerstand Boeing der Verführung, ihre solide Skyline zugunsten des Designs aufzugeben. Es blieb dabei, daß an der Stelle, wo die größten Kraftmomente herrschen, keine Gelenke existieren. Die beiden Flügel verbinden sich zu einem einzigen durchgehenden Flügel. Die Einrichtung der Flügel in den Anstellwinkel, beziehungs-

Amerikanische MOD-2-Windkraftanlage mit 2,5 MW Leistung, Windraddurchmesser 91,4 Meter, 1982

weise die Regelung, übernahmen die verstellbaren Flügelspitzen, die eine Länge von 16,5 m bei dem Modell MOD 2 haben. Damit entschärften sich die statischen Probleme weitgehend.
Die MOD-2-Anlagen laufen schon seit sechs Jahren ohne wesentliche Störungen. Sie beginnen die Grundlage von Windfarmen im Staat Washington zu werden. Inzwischen dürfte schon eine MOD 5 mit einer Leistung von 7300 kW auf Hawaii aufgestellt und in Betrieb gegangen sein. Der Windrad-Durchmesser beträgt 120 Meter, die Turmhöhe 78 m, die Flügelspitzenlänge ist 16,8 m. Die Rotordrehzahl liegt bei 13,4 rpm. Im ganzen werden auf Hawaii drei MOD-5-Anlagen aufgestellt.
Die MOD 5 wird von General Electric gebaut, da in dieser Größe die elektrische Anlage wohl das Hauptproblem stellt. 7,3 MW bei einer Drehzahl von 13,4 rpm bringen enorme Drehmomente mit sich.
In Europa unterstützte die schwedische Energiegesellschaft die Windenergie-Forschung besonders intensiv und zeigte sich sehr aufgeschlossen für die Windenergienutzung. Es bestehen weitgreifende Pläne für die Großversorgung durch Windkraft. Das Land könnte seine Stromversorgung mit den Wasserkräften zusammen mit der Windkraft garantieren und ist dabei, das Windangebot an seiner langen Küste mit Großanlagen zu nutzen. Seit 1983 arbeitet eine 2-MW-Anlage als Pilot-Windkraftwerk auf Gotland. Der Windrad-Durchmesser beträgt 75 Meter. Die zwei 35 Meter langen Flügel (ohne Schlaggelenk) wurden von der ERNO in Bremen geliefert. Das geschah zur gleichen Zeit, in der die Flügel des GROWIAN völlig anders entworfen wurden. Die Flügel für die schwedische Anlage wurden aus Stahl und Glasfaser-Kunststoff gebaut. Ihr Gewicht beläuft sich auf 20 Tonnen. Die Turmhöhe ist 76 m. Die Drehzahl beträgt 25 rpm. Der Ausbauwind liegt bei 12,5 m/s. Neben dieser Anlage laufen in Schweden noch seit 1983 ein 4-MW-WEK bei Nasudten, ein 3-MW-WEK bei Maglarp und der 2-MW-Äolus.
Die 3-MW-Anlage WTS 3 von Swedyards im Maglarp erreicht ihre Nennleistung bei einem Wind von 14 m/s. Die Drehzahl ist relativ hoch mit 25 rpm und wird durch ein

Schwedischer 2-MW-WEK auf Gotland, 1983

Planetengetriebe für den Generator auf 1000 Umdrehungen pro Minute übersetzt. Der Windraddurchmesser beträgt 78,2 Meter. Der Turm hat eine Höhe von 80 Meter.
Fast als ein Wunder könnte man die älteste Großwindkraft-Anlage über 1,5 MW bezeichnen, die in einer Bauzeit von gut zwei Jahren in Dänemark errichtet wurde. Was manches teure Forschungswerk nicht schaffte, bauten Lehrer und Schüler der dänischen Gesamtschule Tvind bei Ulfborg in der Zeit zwischen 1975 und 1978 mit einer Beratung von einigen Fachleuten.
Es waren hauptsächlich 30 Freiwillige, die den Turm, die Fundamente, die Nabe und die Flügel aus GFK bauten. Den Generator, die Achse, das Getriebe und den Aufzug kaufte die Gruppe billig. Die Lehrer der Schule bezahlten allein die Gesamtkosten von 6,5 Mill. Dän. Kronen (2 Mill. DM).
Der konventionelle Drei-Flügler mit 27 m Länge aus GFK wurde auf einem 53 m hohen und hohlen Betonturm instal-

liert. Die Anlage ohne Turm wiegt 90 Tonnen. Die Tvind-Anlage arbeitet nach elf Jahren noch einwandfrei. Die Leistung des Werkes beträgt 1700 Kilowatt.
Im Jahr 1986 ist in Dänemark die moderne 2-MW-Anlage ELSAM hinzugekommen.
Die Briten und Kanadier entwickelten in den letzten acht Jahren Darrieus-Rotoren in einigen Abwandlungen im MW-Bereich. Sie verließen die Pananemone mit gekrümmten Flügelblättern, wie sie Dornier bzw. Zeppelin herstellt und bevorzugen den sogenannten H-Rotor, dessen Silhouette H-förmig ist. Dieser gewinnt zunehmend an Bedeutung. Seit

1,7-MW-Tvind-Anlage bei Ulfborg/ Dänemark

1986 arbeitet ein H-Rotor mit einer Leistungsregelung über die zentrifugalen Kräfte der Flügel. Der Hersteller ist die Vertical Axis Wind Turbines Ltd. Auch Herter/München hat einen verstellbaren H-Rotor entwickelt.
Die Leistung des Prototypen mit Zentrifugalregelung beträgt 130 kW. Er steht in der Bucht von Carmarthen mit einer Masthöhe von 25 m und einem Durchmesser von ebenfalls 25 m. Die gestreckten Flügel sind 9 m lang. Die nächsten Modelle mit 1,2 MW und 3 MW sind in der Herstellung bzw. bereits im Testbetrieb. Die Regelung geschieht auf folgende Weise: Mit zunehmendem Wind steigt die Leistung

Kanadischer H-Rotor mit Zentrifugalregelung, Leistung 130 kW, 1986

bzw. die Drehzahl bis zur Nennlast an. Darüber hinaus muß die aktive Rotorfläche vermindert werden. Das erfolgt dadurch, daß die Zentrifugalkräfte die Flügel scherenartig knicken. Je nach dem Knickungsgrad (siehe oberes Bild) verändert sich die Projektionsfläche zum Wind und damit die Windradleistung. Sinkt die Windgeschwindigkeit wieder, so mindert sich die Drehzahl wieder, die Verstellkräfte werden geringer und die geknickten Flügel strecken sich, unterstützt von starken Federn. Nun wird wieder die volle Flügelfläche aktiv.

Die Stromableitung wird innerhalb des Turmes vorgenommen.

Darrieus-Rotoren sind heute auf vielen Windfarmen, auch in den USA, zu finden. Die amerikanische Firma FLOH-WIND stellte 1984 am Tehachapi- und Altamont-Paß 214 Darrieus-Rotoren mit je 170 kW (Durchmesser 17 m) und 37 Modelle mit 19 m Durchmesser und Einzelleistungen von 250 kW auf. Das sind in einem Jahr 45 MW. 1985 erhöhte sich die Neu-Installierung von Darrieus-Rotoren um über 100 MW. Bis 1986 wird mit diesen Rotoren auf den beiden Pässen eine Kapazität von 250 MW (0,25 GW) geplant.

Der größte europäische Darrieus-Rotor stammt von Alpha Real (Italien). Er bringt 160 Kilowatt und ist 1985 im Schweizer Jura aufgestellt worden. Die Erstellungskosten lagen bei 2500 DM/kW. Das sind etwa 50 Prozent weniger, als eine vergleichbare Windkraftanlage mit horizontaler Achse. Allerdings ist die Ausbeute um 20 Prozent niedriger als beim üblichen WEK. Die Alpha Real Darrieus-Anlage besitzt zwei gebogene Blätter aus Aluminium-gezogenem NACA-Profil 0015 mit einer Blattbreite von 721 Millimetern. Die Drehzahl beträgt 50 rpm und wird mit einem Getriebe auf 150 rpm für den Generator gebracht.

Es ist selbstverständlich, daß sich auch das älteste Windmühlenland, das bis zum heutigen Tag ein besonderes Verhältnis zur Windkraft hat, an der Entwicklung neuer und ergiebiger Windenergiekonvertern beteiligt. Holland verdankt ja seine Landgröße zum großen Teil den Windmühlen, die das Meerwasser über Jahrhunderte hin aus den Poldern schöpften, beziehungsweise „mahlten“, wie man auch sagt. Heute fertigen fünfzehn holländische Firmen

Windenergiekonverter verschiedener Bauarten. Großwindkraft-Anlagen werden von der bekannten Stork-FDO-Fokker entworfen und gebaut. Es ist kein Zufall, daß die Niederlande ihre 3 MW-Anlagen, wie in den USA, mit einem großen, durchgehenden Flügel ausrüsten. Holland kennt die Gewalt des Sturmes, der immer wieder das Land gefährdet, besser als alle Binnenländer.
Die Darstellung der heutigen Großwindkraftanlagen beschränkt sich verständlicherweise nur auf die Modelle, die besonders zukunftsweisend und für eine Serienfertigung geeignet sind.
Wir werden Anlagen dieser Größenordnung in den nächsten zehn Jahren immer häufiger antreffen, die zum Teil als Inselkraftwerke in eigenen Versorgungsgebieten arbeiten oder als Einzelanlagen, aber auch als größere Windparks ihren Strom in das öffentliche Netz liefern. Diese Entwicklung ist in einigen Ländern bereits an der Tagesordnung und ein selbstverständlicher Bestandteil der Stromversorgung.
Die Nachfrage nach Windstrom ist inzwischen so angewachsen, daß die Hersteller von Windkraftanlagen – es dürften im Westen zur Zeit über fünfzig Firmen sein – mit den Lieferungen im Rückstand sind. Die Wartezeiten liegen derzeitig bei vier bis sechs Monaten.
Bei den Nah- und Fernoststaaten ist die gleiche Entwicklung ebenfalls bereits angelaufen und alle profitieren dabei: Die Umwelt wird entlastet, das großflächige Versorgungsnetz muß nicht dauernd erweitert und verstärkt werden, die Leitungsverluste werden geringer, die Energie-Reserven der Erde werden geschont, eine neue mittlere Industrie schafft Arbeitsplätze und die Energieversorgungsunternehmen verdienen am Windstrom überdurchschnittlich, wie die Bilanzen in den USA zeigen.
Gerade in den Vereinigten Staaten von Amerika sind es vorwiegend die großen Energieversorgungs-Unternehmen, die Windfarmen erstellen, und zwar mit der Begründung, daß der Windkraftstrom der billigste ist. Busineß wird dort groß geschrieben. Bei uns jedoch füllen täglich seitenlange Inserate die Presse, die den Kernkraftstrom anpreisen. Warum, so muß man sich fragen, muß eigentlich die Herstellungsart eines Versorgungsgutes mit einem so hohen

Reklameaufwand durchgesetzt werden. Wir wollen elektrischen Strom und dieser soll schadstoffarm erzeugt werden, mit Energien, die unerschöpflich sind. Mit Sicherheit ist es eine schlechte Energie-Politik, wenn man eine Versorgungsbasis wählt, dessen System von Stufe zu Stufe gefährlicher wird, wie zum Beispiel Uranspaltung, Kernbrütung, Plutoniumspaltung und Kernfusion, mit einer durch nichts erhärteten Annahme, daß diese spätestens in 50 Jahren verwirklicht werden kann; denn dann stehen uns keine Spaltstoffe mehr zur Verfügung. Dieses Hasardieren mit der Energie wird uns in eine unvorstellbare Katastrophe stürzen lassen.

6.2 Serienanlagen und Windfarmen

Die „Großkraft Wind" kündigt sich seit Jahren durch den massierten Bau von hochwertigen kleinen und mittleren WEK an. Sie vollzog sich in der Bundesrepublik praktisch unter Ausschluß der Öffentlichkeit. Nur Insider wissen seit fünf Jahren, daß sich ein neues Windenergie-Zeitalter anbahnt, das die klassischen Windmühlen-Zeiten weit übertreffen wird. Die Einzelleistungen der Windenergie-Konverter erhöhten sich in den letzten vier Jahren von 20 kW auf 50, 100, 175. Ihr Aufbau geht, mit wenigen Ausnahmen, nach einem ähnlichen Konzept vor sich: Dreiflügler aus Glasfaser Kunststoff – Planetengetriebe – Synchrongenerator – Computersteuerung. Oberstes Gesetz ist die absolute Sturmsicherheit, gefolgt von der Serienfähigkeit, einfachem Aufbau, containergerechter Konstruktion und natürlich die Preiswürdigkeit. Die Sicherheit der Anlage hat Vorrang vor dem Styling. Garantiezeiten müssen gewährt werden.
Für das Gieren des Windrades, also das Drehen des Windrades aus oder in den Wind, geschieht heute häufig elektronisch über einen Fühler. Sicherer ist jedoch eine mechanische Giereinrichtung, die MAN durch ein Seitenrad vornimmt. Das ist deshalb sicherer, weil die Regelkraft mit der Windstärke zunimmt und direkt das Windrad verstellt. Die frühere Methode der Einstellung in den Wind mit einer Fahne wird im professionellen Windradbau nicht mehr verwendet.

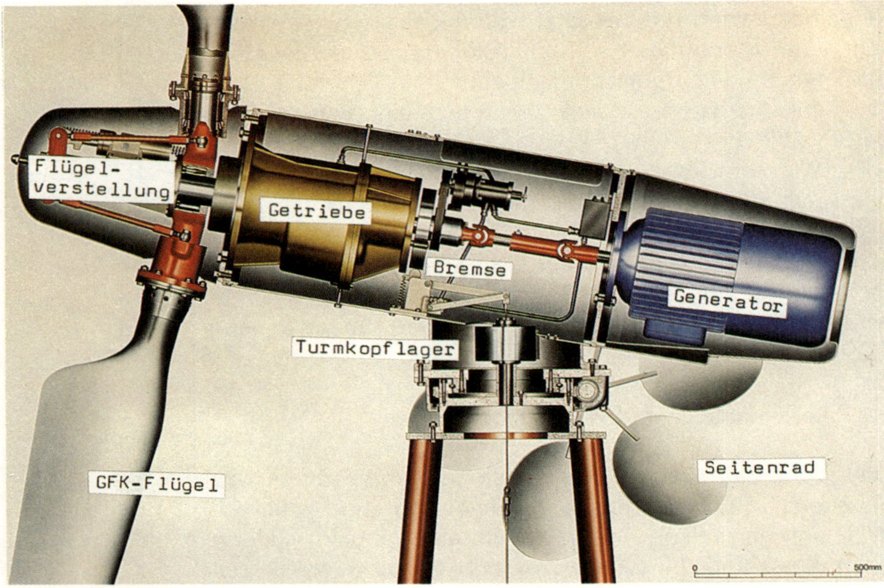

Beispiel eines heute üblichen Aufbaus einer WEK-Gondel, hier des Aeroman 11/11 von MAN

Bleiben wir noch kurz beim Aeroman von MAN und seinem Einsatz in der Bundesrepublik, beziehungsweise im Ausland oder auf Windfarmen. Mangels anderer TÜV-geprüfter WEK hatte die Verbreitung des Aeroman einen gewissen Vorsprung.

Ein deutscher Windpark wurde 1986 am Kaiser-Wilhelm-Koog mit 20 Aeroman, je 25 kW errichtet. Es bedurfte schon eines massiven Druckes, daß auch andere Firmen zum Zug kamen. Dreißig WEK für 1 MW sind natürlich wieder eine Fehlplanung und geben ein völlig falsches Bild vom Vermögen der Windkraft.

Zum Ende 1985 waren 330 Aeroman in Kalifornien aufgestellt und 70 WEK in Europa. Die Daten des Aeroman 11/11 sind: 33 kW, 11 m ∅, 100 rpm, Übersetzung 1 : 15, Turmhöhe 10 m, GFK-Flügel Profil FX 63-137.

Als in den Jahren 1980 bis 1983 auf Pellworm deutsche Windräder zur Erprobung aufgestellt wurden, lief außer Konkurrenz eine dänische Windmatik-Anlage mit, die unan-

MAN-Feld auf der Windfarm auf dem Tehachapi-Paß in Kalifornien

gefochten bei jedem Wetter Strom lieferte. Von den deutschen Anlagen mußten von 8 WEK, fünf aus fachlichen oder finanziellen Gründen, aufgeben. Nach diesem Test konnte die erfolgreiche Windmatik, Modell wm 15 S auf dem Markt groß erscheinen und trug mit dem Aufbau von 13,56 MW bis 1985 in den USA und mit 10 MW zu dem bevorstehenden Windkraftboom bei. Das größere Modell wm 17 S folgte bald nach. Die Leistung dieses Modells beträgt 100 kW bei einem Wind von 14 m/s und ist damit für windstarke Gebiete entwickelt.
Doch die Firma Windmatik ist nur ein Windrad-Hersteller in Dänemark von mehreren, die ebenfalls für Qualitätswindräder bekannt sind.
Die Fabrik für landwirtschaftliche Maschinen Vestas baut seit den siebziger Jahren Windturbinen und begann 1979 mit dem Export ihrer VESTAS-Anlagen. 1981 entstand der Typ VESTAS 15/55, der sofort in Serie ging. Der WEK erhielt einen Windrad-Durchmesser von 15 Metern und eine Lei-

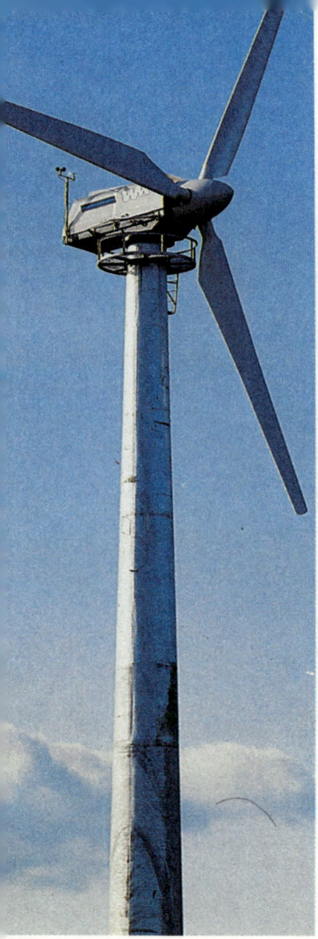

stung von 55 kW. Die drei GFK-Flügel kommen von AERO-STAR:
Auch die Maschinenabdeckung (Gondel) besteht aus Glasfaserkunststoff und wird in großen Stückzahlen vorgefertigt. Ein Planetengetriebe übersetzt die Rotordrehzahl von 41 rpm auf die Generatordrehzahl von 1000 rpm. Die ganze Anlage wird elektronisch gesteuert. Die Konverter werden in der Regel auf Stahlgittermasten montiert. Der Typ 15/15 wurde inzwischen auf das Modell 17/90 aufgestockt, da die Wünsche nach höheren Leistungen ständig steigen. Schon im November 1985 drehten sich in Dänemark 291 VESTAS-Anlagen mit einer Summenleistung von 17,8 Megawatt als Einzelanlagen und auf dänischen Windfarmen weitere 36 WEK. Zu gleicher Zeit liefen auf den amerikanischen Windfarmen schon 1780 VESTAS-Windräder mit einer Summenleistung von 148 Megawatt. Damit war die Firma zum größten Importeur von WEK der USA geworden. Mitte 1986 war VESTAS so weit, daß jeden zweiten Arbeitstag eine Windleistung von 1 MW ausgeliefert werden konnte. Ihre Monteure sind in zehn Ländern unterwegs, um die neuen Anlagen aufzustellen. Der Umsatz der Firma mit den Windkraftanlagen betrug 1985 280 Millionen Mark.

Bild links: Dänische Windmatik 17 S

Bild unten: Zwischenlager von GFK – Maschinenabdeckungen und Flügelblätter auf dem Werksgelände von VESTAS

Ortsmontage von VESTAS-Anlagen, hier Zusammenbau der Flügelblätter mit dem Wellenkopf

Die Kosten 1986 betrugen für das Modell VESTAS 17/75 mit einem 23,4 m hohen Gittermast mit zwei Asynchron-Generatoren (19 und 75 kW) elektrischer Steuereinrichtung und Blitzschutz ab Fabrik 445000 Dän. Kronen, entsprechend 120000 Deutsche Mark.

Das ergibt einen Kilowatt-Preis von 1600.– DM und einen recht günstigen Strompreis, denn die Energie ist kostenlos. Berücksichtigt man, daß die Ausnutzungsdauer eines WEK nur ein Drittel eines Wärmekraftwerkes beträgt, so erhöht sich zwar der Investitionspreis eines WEK auf 4500 DM je kW, liegt aber dann etwa kostengleich zum Wärmekraftwerk, bei dem dann die Ausgaben für Öl, Kohle oder Uran hinzukommen und noch die teuren Verteilungskosten. Deshalb ist der Windkraftstrom auf alle Fälle wesentlich billiger als jeder andere Strom.

Das deckt sich recht gut mit den Kosten-Erfahrungen in den USA, wo der Atomstrom als die teuerste Energie bezeichnet wird. Diese Feststellung stammt dort nicht von den Anhängern der unerschöpflichen Energien, sondern von den großen Energie-Versorgungs-Unternehmen, die selbst Kernkraftwerke besitzen.

VESTAS-Anlagen auf Windfarmen

1985 errichtete VESTAS in Dänemark bei Taenpibe den größten europäischen Windpark mit 35 VESTAS 17/75 mit 2,6 MW. Die Masten sind 23 Meter hoch. Die Abstände zwischen den WEK liegen bei dem sechsfachen Wert der Windraddurchmesser. Das Gelände hat eine Fläche von einem halben Quadratkilometer. Die durchschnittliche Jahresarbeit beträgt 153 000 kWh.
Kehren wir noch einmal zum Jahr 1980 zurück. Man redete von den Energie-Alternativen wie Sonne und Wind. Schüchtern entstand hier und dort eine private Windkraftanlage mit einigen wenigen Kilowatt. Die mit der Grundlagenforschung beauftragten Stellen legten für alle Zeiten fest, daß der Wind maximal 3% des Energiebedarfes decken kann. Wer diese Festlegung nicht zur Kenntnis nahm, wurde nicht ernst genommen. Nur massige Einzel-Kraftwerke in Gigawatt-Größe konnten die Stromerzeugung bewältigen. Doch Kilowattstunde ist Kilowattstunde. Zehntausend WEK mit einer Leistung von je 100 kW ergeben auch 1 GW, netzfreundlich, ohne Schadstoffe und Strahlenbelastung.
Dann ereignete sich der Unfall im Kernkraftwerk Harrisburg am 28. März 1979, der völlig anders verlief, als wir es in Europa erfuhren. Fünfundvierzig Prozent des Reaktorbrennstoffes waren geschmolzen. Mit sehr viel Glück war das Allerschlimmste nicht passiert. Aber die amerikanische Regierung war geschockt und handelte. Sie annullierte alle Bestellungen von Kernkraftwerken und setzte u. a. auch auf alternative Energien, wie Windkraft. Die Energieversorgungsunternehmen wurden per Gesetz verpflichtet, jeden Strom, der angeboten wird, in das Stromnetz aufzunehmen, und mit der Summe zu bezahlen, die den eingesparten Summen des Brennstoffes entspricht. Ein EVU hatte versucht, den angebotenen Strom eines kleinen WEK abzulehnen. Die Strafe dafür betrug 1,5 Millionen Dollar. Seitdem läuft alles reibungslos.
In den Staaten Kalifornien, Montana, Oregon und Texas schickten, nach vier Jahren bereits, fünfzehntausend Windkraftanlagen einen Strom von fast 1,5 Gigawatt in das Versorgungsnetz. Die finanzielle Förderung ging schnell und einfach vonstatten. Wer eine Windkraftanlage zur Stromversorgung kaufte, erhielt einen Steuergutschein mit einem

festen Betrag, den er zur Bezahlung seiner Steuerschuld verwenden konnte.
Heute existieren in den USA rund achtzig Windfarmen, auf Bergen, Pässen, an den Küsten, wüstenähnlichen Flächen oder Rinderfarmen. Die Rinder selbst lassen sich von den Windrädern nicht stören und die Farmer bekommen neue Einnahmen, am meisten natürlich, wenn sie selbst ein paar Windräder kaufen und betreiben. Dieses Modell hat noch eine große Zukunft, auch bei uns, vor allem in Niedersachsen und Schleswig-Holstein.

Amerikanische Windfarmen auf Weideland, 1983

Es gibt hier noch etwas nachzutragen, das so bemerkenswert ist, daß wir davon nur lernen können. Das amerikanische Forschungsministerium schrieb einen Wettbewerb aus, über die besten Konstruktionen von WEK bis zu einer Leistung von 40 kW. Gefördert wurde jedermann. Vierzehn Bewerber erhielten anschließend die Entwicklungskosten voll bezahlt.
Diese Firmen beschäftigten 1983 schon 4000 Arbeitskräfte. Das Projekt hat sich für alle gelohnt. Die Stromversorgung hat eine neues Standbein bekommen, die Kleinindustrie neue Aufgaben, Farmer eine finanzielle Hilfe, und der Staat bekommt seine Fördergelder mehrfach zurück. Ohne diese amerikanische unbürokratische Hilfe in ihrem Land, wäre wohl der Beginn der Großkraft Wind an uns vorbeigegangen. Statt elf deutsche Hersteller für Windkraftanlagen, hätten wir gerade einen. So hat der Sog des amerikanischen Windkraftbooms einer Menge europäischer Windräder-Hersteller zu einem guten Start verholfen. In den USA arbeiten heute schon 34 bekannte Firmen, die WEK bauen und unsere Konkurrenz wird noch wachsen.
Nur einige europäische Staaten, es sind die alten Windmühlenländer, hatten eine so enge Verbindung zur Windkrafttechnologie, daß sie ihre segensreiche Geschichte der Windmühlen nicht vergaßen. Ohne Windmühlen hätten sie nie den hohen Lebensstandard erreichen können. So versteht man das Vertrauen zur Windkraft, die jetzt wieder zeigt, welche Energiemengen sie anzubieten hat.
Die Dänen verfügten 1985 schon über sechs weltbekannte Firmen zur Herstellung von Windkraftanlagen, von denen die meisten bereits Tausende von Windenergiekonvertern in viele Länder versandten.
Ein außerordentlich erfolgreicher dänischer Hersteller ist NORDTANK mit seinem 65- und 100-kW-Windrad, von denen bis Ende 1985 über 800 Stück in Minnesota und Kalifornien installiert waren. Dreihundert sind in Europa, meist in Dänemark aufgebaut. Ursprünglich baute Nordtank Frachtschiffe und Tanker. Die wirtschaftlichen Schwierigkeiten der Werften führte die Firma der Windenergie zu. Im Jahr 1980 entstand die erste 55-kW-Windkraftanlage, deren Daten schon richtungweisend waren:

Sechzehn NORDTANK-Windkraftanlagen auf der dänischen Windfarm Ebeltoft

- 3 GFK-Blätter, Nennwind 18 m/s
- Windrad-Durchmesser 16 m,
- Drehzahlen: 46 bzw. 48 rpm entspr. 50 oder 60 Hz (USA)
- Asynchron-Generator mit 1000 oder 1200 rpm
- Turmhöhe: 22 m, Gewicht 7 t
- Kontrollsystem: Mikro-Prozessor

Die Erzeugnisse der Windkrafttechnologie ähneln einander immer mehr, weil die Einzel-Elemente gewissen Normen unterliegen. Das sind vor allem die Flügelblätter, die heute von den wenigen Firmen, wie Aerostar, Fiber oder Stork nach den Flügelprofillisten nach NACA oder Worthmann hergestellt werden. Auch die Türme, ob sie aus Beton, Stahlrohren oder aus Stahlgitter sind, liegen als Serienware auf Lager. Einzelanfertigungen sind die Ausnahme, denn bestellt wird, was kurzfristig lieferbar ist.

Stahlrohrturm beim Verlassen einer Stork-FDO-Windkraftanlage

Lediglich die Maschinen-Abdeckungen unterscheiden sich bei den WEK wie beim Kraftfahrzeug zur individuellen Form. Die Generatoren, Getriebe, Bremsen und die Elektronik sind einander ähnlich wie beim Kraftfahrzeug, und doch unterscheiden sie sich, wie die Kfz, weit genug, um den WEK wählen zu können, der den besonderen Wünschen gerecht wird.

In Kalifornien, an der pazifischen Küste wächst am Tehachapi-Paß der größte Windpark an, dessen WEK-Zahl jährlich fast um 2000 Stück mit steigenden Einzelleistungen zunimmt. Die jährlichen Investitionen liegen über 800 Millionen Mark. Für die bis Ende 1986 installierten Anlagen mit einer Gesamtleistung von 1,4 Gigawatt wurden rund 3,5 Milliarden DM ausgegeben.

Amerika ist ein Land ohne Grenzen. Allein Kalifornien ist 1,4mal so groß wie die Bundesrepublik.

Die Bundesrepublik hat zwar nur wenige vergleichbare Landschaften mit sehr guten Windverhältnissen, aber unser Energiebedarf kann nicht an den USA gemessen werden.

Der Victory-Park auf dem Tehachapi-Paß 1983 mit Windkraftanlagen fast aller Hersteller aus Europa und der USA

Der Nachteil der kleineren, geeigneten Flächen kann und muß durch größere Einzelleistungen ausgeglichen werden. Die größte WEK-Leistung ist eine deutsche Anlage und hat über 300 kW. Auch die 1-MW-Anlagen sind bereits in Sicht. Es ist geradezu sinnwidrig, wenn 1988 das Vorhaben der Forschungsstellen einen Windpark in Schleswig-Holstein von 1 Megawatt mit 34 WEK je 30 kW plante, was mit sechs WEK je 150 kW Serienleistung schneller und wesentlich billiger gemacht werden kann.

Die großen und unerwarteten Erfolge auf den Windfarmen werden bei uns offiziell nicht zur Kenntnis genommen. Nach wie vor kann der Wind nichts zur Energieversorgung beitragen. „Die Windkraft ist die gefährlichste Energie" (Forschungsauftrag: Wie weit kann ein abgebrochenes Flügelblatt fliegen), „Die Windkraft ist die teuerste Energie" (alle anderen Zahlen sind falsch), „Die Windkraft ist nicht umweltfreundlich" (viele Masten, Gefahren für Vögel, großer Platzbedarf, Klimaveränderung . . .)

Nun, keiner dieser Einwände ist richtig und jeder, der will, kann sich überzeugen.

Man kann nur den Kopf schütteln und sich fragen, wie lange es wohl noch dauern wird, bis das Vertrauen in die amtlichen Stellen, die nur ihre festgefahrenen Vorstellungen durchsetzen wollen, aufgebraucht ist. Ein Windrad bedarf nur eines Grundstückes, um darauf einen Mast zu stellen.
Eine Klimaveränderung oder Bodenerosion kann nur auftreten, wenn die Windgeschwindigkeit großflächig über Hunderte von Kilometern erhöht wird. Durch das Windrad wird aber die Windgeschwindigkeit um ein Drittel für eine kurze Strecke des etwa fünffachen Windraddurchmessers verzögert und füllt sich auf dieser Strecke wieder auf. Außerdem werden durch die WEK-Abstände überhaupt nur 5% des Windparkraumes berührt. Die Vogelgefährdung wurde auf Tehachapi untersucht. Die Vögel haben sich so an die Windräder gewöhnt, daß sie auf den Masten sitzen usw. usw. Auch die eventuelle Störung des Funk- und Fernsehens hat sich durch die Glasfaserkunststoffe erledigt. Vielleicht muß man eines Tages noch dazu übergehen, in die Kunststoffhauben der Gondeln einen Faradayschen Käfig einzulegen. Was die Lärmbelästigungen betrifft, so ist diese bei drei Kunststoff-Flügelblättern in einer Entfernung von 20 Metern kaum noch vorhanden. Auch die Tiere scheint sie nicht zu stören.

Die natürlichen Energien sind in jeder Hinsicht umweltfreundlich. Genaugenommen dürften wir eigentlich nur diese Energien nutzen. Der neue Aufbruch der Windenergie ist in jeder Beziehung hoffnungsvoll, auch wenn die viel zu hohe Bevölkerungszahl nicht ohne einen „Zuschuß" von Verbrennungsenergien vorerst auskommt.

Es ist ein Verdienst der Dänen, die neue Windkraftzeit mit ermöglicht zu haben. Von den sechs dänischen Firmen sind noch drei vorzustellen.

Im Raum Oddesund liegt ein großer Windpark. Er wurde 1985 mit 135 BONUS-WEK je 100 kW und mit 20 WEK je 55 kW gegründet. Weitere 400 BONUS-WEK gingen nach Kalifornien. In Dänemark selbst erzeugen 16 BONUS-Anlagen verstreut elektrischen Strom. Mit den Zulieferanten arbeiten für BONUS 5500 Beschäftigte. Der dänische Staat nimmt heute das Dreifache an Steuern ein, was er an Fördergeldern ausgegeben hatte.

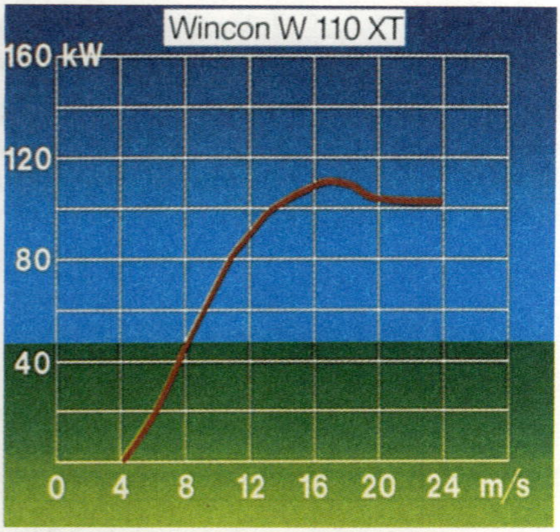

Die von Sonebjerg in Kolding/DK gebauten BONUS-Anlagen haben eine gewisse Ähnlichkeit mit den VESTAS-WEK. Ihre maschinellen Einrichtungen unterscheiden sich jedoch nicht unerheblich, ebenso ihre Größen. Die Masten bestehen entweder aus Stahlrohren oder aus Beton.
Die aufstrebende dänische Firma Wincon, die sich erst ab etwa 1982 dem Bau von WEK widmet, ist schon seit mehreren Jahren mit den drei Modellen W 22, W 60 und W 110 in Großserie auf dem Markt. Die Leistungen entsprechen den Typen-Ziffern in kW. Bereits Ende 1984 standen in der

Wincon-Modell W 110 auf einer Farm in Kalifornien/USA

Heimat 800 Einheiten. Die beiden Zweigstellen der Firma in den USA produzierten dort ab 1985 pro Jahr 800 WEK. Allein die WINCON-Firmen lieferten bis zum Jahr 1987 eine Windkraft-Leistung von rund 1 Gigawatt aus. Für ihre Qualität spricht die hohe Verfügbarkeit der Anlagen von 98%. Das Konzept auch dieser dänischen Firma ist Qualität + Preis, der zur Zeit 2200 DM/kW beträgt.
WINCON-Anlagen bevölkern die Windfarmen in Kalifornien.

Die Daten der einzelnen Modelle sind:

W 22: 3 GFK-Flügel, D = 10 m Ø
Gen.-Leistung 25 kW, 480 V
Getriebe 1 : 13,3
Stahlrohrturm mit 19 m Höhe

W 60: 3 GFK-Flügel, D = 16,6 m Ø
Gen.-Leistung 55 kW, 480 V
Getriebe 1 : 22,2, Turm 22 m

W 110: D = 21 m Ø, 110 kW, 480 V
Getriebe: 1 : 23,5
Turm. Stahlrohr, 22 m hoch

Ein anderer renommierter WEK-Hersteller in Dänemark bewegt sich zunehmend in Leistungsbereichen von 400 und auch schon von 750 kW. Es ist die Firma DANSK VINDTEKNIK in Viborg, deren 400-kW-Modelle auch im Ausland anzutreffen sind.
Der in Luv laufende GFK-Dreiflügler hat einen Raddurchmesser von 34 Metern. Die Nennleistung wird bei einem Wind von 14 m/s erreicht. Der Überlebenswind wurde sehr hoch, mit 70 m/s, angesetzt. Der konische Betonturm hat eine Höhe von 32 Metern. Der Preis ist bemerkenswert niedrig und liegt bei 1750 DM/kW. Der VINDANE 40 mit 750 kW, der aus der bekannten NIBE-Konstruktion hervorgegangen ist, läuft seit 1980. Auf der Insel Masnedo besteht ein Windpark mit fünf VINDANE 40, also mit 3,75 Megawatt, dessen Preis von 2,9 Mill. DM (3900.– DM/kW) noch

VINDANE 34 von DANSK VINDTEKNIK mit 400 kW

etwas hoch ist und sich in der Serienherstellung wohl noch mindert.

Die Holländer sind mit ihren Windmühlen so sehr verwurzelt, daß sie zunächst, jedoch mit mäßigem Erfolg, versuchten, mit ihren klassischen Bock- und Holländer Mühlen auch Strom zu „mahlen", von denen sie immer noch 900, bestens renoviert, besitzen. Technisch wäre die Umrüstung kein großes Problem gewesen, doch das Gespann von hölzernen Kammrädern und stählernen Übersetzungsgetrieben ist zu ungleich. Dazu waren ihnen auch ihre schönen Mühlen zu schade. Doch deshalb mußte man das Vorhaben der Windstrom-Erzeugung nicht aufgeben. Es entstanden Pilot-Projekte und 14 Betriebe, von denen heute zehn sich der Windstrom-Erzeugung widmen.

Der BOUMA-Anlage sieht man die Liebe zur Windkraft durch ihre aerodynamische Allseitigkeit und ihre Solidität an. Aber das kostet Geld und ist gegen die nackte Sachlichkeit nicht konkurrenzfähig. So entschied sich die Firma für seine 300-kW-Anlage zu der heutigen Serienbauweise mit Fertigteilen.

Die der Forschung nahestehende holländische Firma STORK entwickelte ebenfalls einen 300-kW-WEK mit einem Zweiflügelsystem hoher Flügelfestigkeit, mit der Methode

75-kW-Windkraftanlage von BOUMA

Neuer 300-kW-BOUMA-Windenergiekonverter

der durchgehenden Flügelblätter unter Weglassung der anfälligen Kipp-, Knick- und Schlaggelenke. Alles ist auf solide Serienfabrikation ausgerichtet, die wir so dringend brauchen. Die zwei Verstellflügel bilden eine sichere Einheit mit der Nabe und dem Drehsystem. Damit wäre auch unser GROWIAN am Leben geblieben.
Bei der Suche nach hohen Wirkungsgraden ist man auf den

Gedanken gekommen, den Leistungsabfall an den Flügelspitzen zu begrenzen, der dadurch entsteht, daß die Strömung an den Enden nach außen abfließt. Eine Ummantelung des Windrades wäre zwar sehr effektiv, hat aber eine Menge von Nachteilen strömungstechnischer, statischer und finanzieller Art. Diese großen Düsen sind nicht beherrschbar. So kam man darauf, die Flügelblätter außen mit einem kleinen Querflügel abzuschließen, der im Umlauf einen sogenannten Quasimantel aerodynamisch aufbaut. Mit diesem Querflügel (Tipvane) könnte der Wirkungsgrad um vielleicht 3 Prozentpunkte ansteigen. Bei nichtlaminarer Strömung, wie bei Böen und Turbulenzen kann der Tipvane aber zur Störquelle werden.

Die holländische Firma POLENKO hat, wie das Bild zeigt, die drei Flügelwurzeln sehr kräftig ausgebildet, um die Turbulenzkräfte aufzufangen, doch damit geht ein Teil des Gewinnes durch den Querflügel wieder verloren.

Der etwas späte Durchbruch in Holland brachte dann 1987 den größten Windpark Europas im friesischen Sexbierum

300-kW-STORK/ FDO-Anlage bei der Ortsmontage

300-kW-Anlage von POLENKO mit Tipvane, Raddurchmesser 30 m, Drehzahl 27 rpm

mit 18 Anlagen je 1000 kW. Zu gleicher Zeit wurde der Energiebedarf des Nordostpolders von 7,5 MW mit 25 WEK auf einem Ringdeich sichergestellt.
Bis zum Jahr 2000 ist eine Windleistung von 1 GigaWatt eingeplant, die vorwiegend mit 1-MW-Anlagen aufgebaut wird.
Das entspricht etwa 6% der holländischen Netzleistung.
Belgien hat die gleichen Windverhältnisse wie sein holländischer Nachbar und große Erfahrungen über achthundert Jahre mit Windmühlen. Es ist geradezu selbstverständlich,

daß die neuen Windenergiekonverter Belgiens den Forderungen der Aerodynamik und des Maschinenbaues optimal entsprechen. Die Firma WINDMASTER mit ihren sicheren und eleganten WEK von 55 bis 225 kW Leistung ist weltbekannt. Ihre Erzeugnisse liefern Strom in Kalifornien, Hawaii, Griechenland, Israel, Italien, Japan, Holland, China und andere Länder und Erdteile wie Australien. Etwa 40 WEK stehen in Belgien, davon 24 auf dem Windpark bei Zee-

Belgische WINDMASTER-Anlage Typ 150 kW

brugge mit einer Summenleistung von 5,4 Megawatt. In den USA findet man 140 WINDMASTER-WEK, meist mit einer Einzelleistung von 225 kW auf dem Altamont-Paß, auf der Farm der Pacific Gas und Electric Co., einem großen Energieversorgungs-Unternehmen, das selbst auch Kernkraftwerke besitzt. Auf dieser Farm laufen auch die neuen amerikanischen WEK der Firmen Fayette, FloWind und California Wind Energy Systems.

Die Daten des WINDMASTER Typ 150 sind:

- Leistung: 150 kW bei einem Wind von 12,5 m/s
- Windraddurchmesser: 21,8 m
- Drehzahl: 52 rpm bzw. 1500 rpm beim Generator
- Turm: Stahl mit 1,5 m$^{\varnothing}$, Höhe 23 m
- Anlagengewicht: 18,5 Tonnen.

Unter den schwersten Bedingungen arbeiten Windkraftanlagen auf den Inseln des Atlantik und des Pazifik. Doch die Insel-Bewohner führen eindrucksvoll vor, daß Windräder, auch im Megabereich sicher und erfolgreich arbeiten können, wie der 3 MW WEK von Taylor Woodrow bei Burgar Hill auf der Insel Orkney beweist. Die britische Solidität der Konstruktion dokumentiert den Respekt vor der Macht des Windes schon optisch. Die Enden der massiven Flügel verbinden sich an der Nabe zu einer steifen Einheit. Die Flügel sind mit Ausnahme der Spitzen unbeweglich, wie bei der amerikanischen MOD-Serie.

Auch die 250-kW-Anlage von HOWDEN auf Orkney ist nach einem ähnlichen Prinzip gebaut. Sie hatte sich 1986 in 8250 Stunden bei allen Stürmen bewährt und dabei rund 1 Million kWh erzeugt.

Seit 1983 arbeitet ein WEK mit 250 kW von Taylor Woodrow sicher auf Orkney und hat allen Orkanen standgehalten. Die britischen Windkraftanlagen haben sich auch in den USA in größerer Stückzahl bewährt.

Der Taylor-Woodrow WEK mit 250 kW auf Orkney hat einen Raddurchmesser von 20 Metern. Die Flügel sind aus Stahl, die Drehzahl beträgt 44 rpm. Die Modelle von HOWDEN haben meist die Silhouette der uns schon bekannten, neuen WEK.

Auch Frankreich hatte schon immer ein Interesse an der Windkrafttechnologie und betrieb eine eigene Forschung.

Man erinnerte sich an die 1-MW-Anlage bei Saint Remy 1963. An dieser Größenordnung ist Frankreich immer noch etwas interessiert. Aber die extrem energiepolitische Ausrichtung zur Kernkraft, die in nicht zu ferner Zeit zu einer Mangelkrise führen muß, drängt den Aufbau einer Windkrafttechnik etwas zurück.

Der mediterrane Bereich war immer ein Gebiet der Windkraftnutzung, vor allem mit den Segelwindmühlen, die sich die Arbeit mit den Eseln teilten. Auf dem Land tun sie das auch heute noch. Aber in den Industriegebieten merkt man kaum noch etwas von einer Besinnung auf natürliche Energien, obwohl die Luft- und Wasserzustände schon katastrophal sind.

Immerhin regt sich in Italien eine Windkraft-Forschung und -entwicklung auf kleiner Flamme. Stellen des Staates mit

250-kW-Windkraft-Anlage von Taylor-Woodrow/GB auf Orkney

Italienische AERITALIA-GRUMMAN-Windkraftanlage, 15 kW mit Tipvane

Partnern der Energiewirtschaft und der Industrie entwickeln neue Windenergiekonverter. Die ENEL und FIAT bauten Testfelder in Sardinien auf. Im Süden der Insel liegt das nichtstaatliche Testfeld bei Santa Caterina, wo die Firmen AERITALIA mit 15 kW-WEK, die CRT-Butterfly mit 65 kW, der Einflügler von RIVA CALZONI mit 3 kW und der Dreiflügler von AERITALIA-GRUMMAN mit 5 kW sich im Probelauf befinden.
Von diesem Typ läuft auch ein Exemplar auf Island. Die Verbreitung italienischer WEK ist noch sehr gering. In den Sonnenländern hat im privaten Leben die Energie noch nicht den Stellenwert einer absoluten Notwendigkeit.
Das Testgebiet der ENEL/FIAT liegt im Norden Sardiniens auf dem Alta Nurra. Die Leistungen der zehn ENEL/FIAT Werke betragen immerhin 50 kW bei einem Ausbauwind von 11,3 m/s. Bei 30 m/s schalten sie ab. Die Asynchron-Generatoren haben eine Nennspannung von 400 Volt. Das

Getriebe übersetzt die Windraddrehzahl zur Generatordrehzahl mit 1:16,5. Die Stahltürme sind 18,5 m hoch. Der WEK besitzt nur zwei GFK-Flügel. Bei Santa Caterina wird eine CRF-Butterfly-Maschine mit einer Leistung von 34 kW getestet. Mit ihren drei GFK-Flügeln entspricht sie ungefähr den mitteleuropäischen Anlagen. Der Raddurchmesser ist 13 m, der Nennwind beträgt 12 m/s, das Gesamtgewicht hat 5 Tonnen.

Auf dem staatlichen Testplatz bei Santa Caterina auf Sardinien läuft eine Einblatt-Turbine von Riva Calzoni, Typ MP5 als Forschungs-Pflichtprogramm mit wenig praktischem Wert. Die Anlage hat einen Kreisdurchmesser von 5 Metern und eine Nennleistung von 3 kW bei einem Wind von 9 m/s. Wenn auch die Windenergie immer noch weit unterschätzt wird und keine Lobby hat, so steigt im Augenblick doch das Interesse an ihr steil an. Für den äquatorialen Bereich wäre die Windkraft neben dem Sonnenkocher geradezu von fundamentaler Bedeutung. Das wäre die richtige Entwicklungshilfe, statt dessen geben wir Kredite, die sie verzinsen müssen und es nicht können, oder eine laufende Hungerhilfe,

Italienische Butterfly-Maschine mit 34 kW auf Santa Caterina, 1975

die die Not und die Abhängigkeit dieser Menschen ins Unerträgliche führt.
In den östlichen Ländern Europas und Asiens hat die Windkrafttechnologie schon einen hohen Stand erreicht, aber nur wenig erfährt man darüber. In der UdSSR sollen bereits 238 WEK mit Leistungen von je 1 Megawatt in Betrieb sein. Die dortige neue Öffnung nach außen wird uns wohl auch bald Einblick auf diesem Gebiet in Rußland bringen. Große Projekte sind bereits im Entstehen. Die kleinen und mittleren Windräder erfahren eine starke Verbreitung, was bei den großen Entfernungen dieses Landes mit dem relativ weitmaschigen Stromnetz besonders wertvoll ist.
Japan und China sind beim Aufbau einer Windkraftnutzung recht aktiv. Das kann man auch für den Einsatz anderer alternativer Energien sagen. In China arbeiten schon ungefähr 10 Millionen Biogasanlagen, die nicht nur einen natürlichen Dünger erzeugen, sondern auch über das Methan-Gas einen erheblichen Energiebeitrag liefern. Er liegt zur Zeit bei zehn Prozent der Gesamtstromversorgung dieses riesigen Landes. Die Chinesen verfügen noch über die natürliche Denkungsweise, daß viele kleine Einzelleistungen, z. B. 200 000 Biogasanlagen, auch 1 Gigawatt bringen. Man kann sich ausrechnen, welche enorme Energie, bei gleichzeitiger Gesundung der Natur, diese Biogasanlagen zur Verfügung stellen.
Die chinesische Regierung arbeitet seit einigen Jahren an einem Projekt, 7000 Nomadendörfer, mit Hilfe der Windkraft, im Inselbetrieb mit elektrischem Strom zu versorgen, um die radikale Abholzung des Landes zu verhindern. Das wäre auch in Afrika die rettende Methode.
Das ist schon eine Großkraft, mit deren Hilfe man die Nöte von ganzen Erdteilen vermeiden kann. Das ist die Hilfe, die die Länder brauchen.

6.3 Moderne Windenergie-Konverter der Bundesrepublik Deutschland

Sehen wir von den wenig zufriedenstellenden Ergebnissen der letzten zehn Jahre, infolge der Diskrepanz der theoretischen Forschung und der Ingenieurpraxis, ab, dann kann sich Deutschland mit seinen Leistungen in der Windkrafttechnologie sehen lassen. Die Deutsche Windmühle erfüllte 1000 Jahre ihre Aufgabe und wird heute noch gebaut. Honnef war seiner Zeit mit seinen Großwindkraftwerken um 80 bis 100 Jahre voraus. Dr. Ernst hat die Grundlagen zum Aufwindkraftwerk gelegt, Betz machte die Gesetze für die Strömungen und ihre Folgerungen für den Bau von Windrädern allgemein zugänglich, Flettner revolutionierte den Windantrieb für die Schiffahrt und Wagner schuf den speziellen Schiffs-Windenergiekonverter. Jahrzehntelang machte man kaum davon einen Gebrauch.

Erst die überzogenen Ölpreisforderungen des Nahen Ostens, zusammen mit einer Liefersperre, hatten zur Folge, daß man sich der alternativen Energien wieder entsann. Aber es wurde die Stunde der Kernkraft. Die armen Verwandten der unerschöpflichen Energie gingen leer aus. In diesem Klima blieben die auf der Strecke, die Hilfe gebraucht hätten. Doch einige gaben nicht auf. Die Zeit der uneffektiven Alibi-Experimente war nur ein Zeitverzug und keine Hilfe. Für die wenigen, die mit ihrem Geld neue Entwürfe machten, kam der Windkraftboom in den USA, als Auswirkung des Kernkraft-Unfalles in Harrisburg, gerade noch rechtzeitig, bevor auch sie hätten aufgeben müssen.

Aus der Asche stieg als erster der mit drei Millionen geförderte Aeroman der MAN in den amerikanischen Windfarmen auf. Er war nur etwas zu klein mit seinen 10 oder 20 Kilowatt.

Dr. Wagner, dem wir einen Spezialkonverter für die Off shore-Windnutzung verdanken, hatte 1984 einen normalen WEK entworfen, den er zunächst bei Tacke und später bei der Arbed Saarstahl GmbH in Lizenz bauen ließ. Nachdem die Drehzahl für eine optimale Nutzung entsprechend dem Windverlauf zu- oder abnehmen müßte, entwarf BBC den für Windkraftanlagen geeigneten pol-umschaltbaren Synchron-Generator, bei dem jeweils 6 Pole bei kleinen Windstärken oder 4 Pole bei stärkeren Winden arbeiteten. Bei niedrigen Windgeschwindigkeiten laufen die Generatoren mit 1200 rpm und bei stärkeren Winden mit 1800 rpm.

Die Windrad-Drehzahlen schwanken zwischen 46 und 70 rpm. Auch statisch ist der Wagner-Rotor interessant, weil dabei ein altes Mittel half, die Flügelblätter mit einem Seil an eine nach vorne verlängerten, dünnen Hauptwelle zu hängen. Auch die Drehzahl und Sturmregelung geschieht nach alter Methode mit einer speziellen Aufhängung der Flügel etwa in der Mitte, bei der sich die Flügel je nach ihrer Windlast automatisch in einen anderen Anstellwinkel drehen (Stallsteuerung). Die Steuerungen werden von den Windkräften selbst ausgeführt, was etwa 5 Prozent Verluste bringt. Verbesserungen sind notwendig.

Im Mai 1983 ging die erste Anlage auf dem Gelände des Herstellers, der Burbacher Stahl- und Waggonbau GmbH, in den Probebetrieb und anschließend nach Sylt zur Starkwind-Erprobung.

Noch 1985 wurden acht WEK von je 80 Kilowatt mit einem Jumbo-Frachter nach San Francisco geflogen.

Man muß die Ballung von so vielen Windkraftanlagen gesehen haben, um diese Massierung der Windkraft ernst nehmen zu können. Nur unseren Vorfahren wäre ein solcher

Versandfertige Flügel des WR 80 von Dr. Wagner für Kalifornien, hergestellt von der Burbacher Stahl- und Waggonbau GmbH

Maschinenmontage von Wagner-Rotoren WR 80 mit einer Leistung von 150 kW, 1985

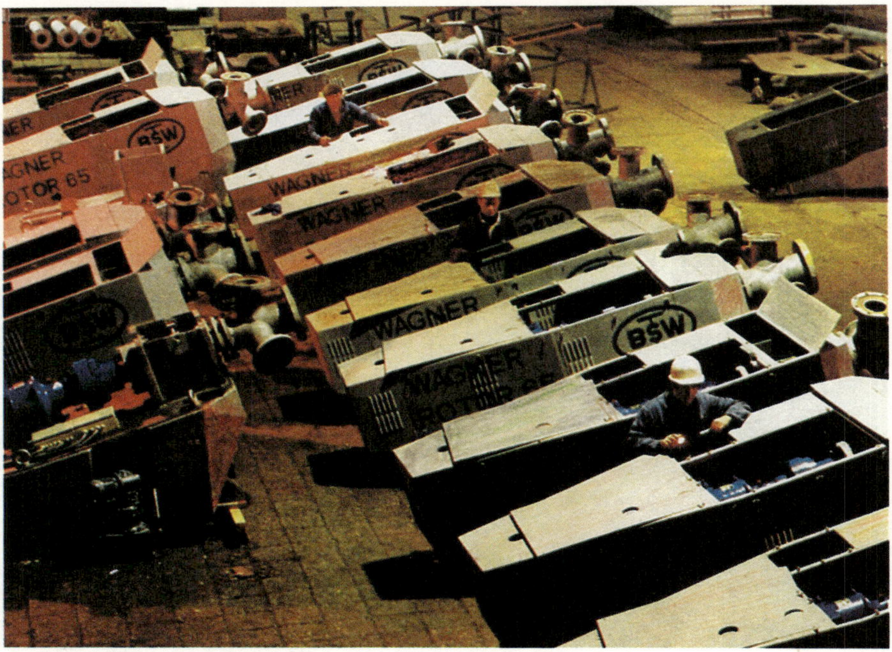

Bild unten: Endkontrolle der Maschinenanlage des WR 80 bei der Burbacher Stahl- und Waggonbau GmbH

Anblick natürlich erschienen. Wir müssen es erst wieder lernen, daß 3500 dieser Rotoren auch die Leistung eines Kernkraftwerkes ergeben.
Junge Firmen mit Anlagenleistungen über 20 kW drängen seit 1984 überall auf den Markt. In der Bundesrepublik sind inzwischen folgende Firmen gut bekannt:

Serienmäßige Windenergie-Konverter, Typ WR 150 mit 150 kW nach Dr. Wagner

Eine Windfarm am Altamont-Paß/ USA mit Wagner-Rotoren, Aufnahme 1986

Aerodyn/Damendorf, Brümmer/Karlshafen, Burbacher Stahl und Waggonbau/Saarbrücken, Enercon/Aurich, Köster/ Heide, Husumer Schiffswerft/Husum, MAN/München, Messerschmitt-Bölkow-Blohm/München, Pumpomat/Brodersby, Tacke/Rheine, Dr. Wagner/Sylt, Zeppelinwerke/ Friedrichshafen

Die 55-kW-Anlagen von ENERCON beginnen den Markt zu bevölkern. Sie entsprechen den heute üblichen Modellen mit dem Aufbau: 3 GFK-Flügel mit Zweistufengetriebe, Generator mit 1000 rpm, Scheibenbremse, elektronische Überwachung. Die Besonderheit ist hier, daß die Durchgangssicherung damit erreicht wird, daß die Flügelspitze bei Drehzahlüberschreitung als Spoiler in Störstellung geht und im Betrieb wieder zurückklappt.

Die AERODYN-Energiesysteme brachten mit ihrem aeolus 11 einen guten, sicheren und eleganten WEK auf den Markt, dessen starre Nabe Überbeanspruchungen an der Flügelwurzel vermeiden. Die zwei Verstellflügel lassen die hohe Drehzahl von 92 rpm entstehen. Aber auch damit kommt man um ein zweistufiges Getriebe nicht herum, um eine Generator-Drehzahl von 1560 rpm zu erhalten. Die seltene Wahl eines Asynchron-Generators soll wohl die vollautomatische Parallelschaltung zum Netz erleichtern. Man handelt sich damit natürlich das Unvermögen ein, die Anlage im Inselbetrieb zu betreiben. Die Verkleidung und die Flügelblätter bestehen aus Glasfaserkunststoff. Das Flügelprofil wurde nach NACA 4412-21 gewählt. Die Blattverstellung erfolgt mittels Drucköl. Als Turm wurde ein konisches Stahlrohr verwendet.

55-kW-WEK von ENERCON mit dem Windraddurchmesser von 15 m, Drehzahl 55 rpm, Ausbauwind: 8,5 m/s

aeolus 11 von AERODYN mit 18 kW bei einem Wind von 10,5 m/s, Windraddurchmesser: 11,7 m.

Auch kleinere Firmen in der Bundesrepublik, wie die Windkraftzentrale/Kappeln hat mit ihrem ElektrOmat zunehmend über die Grenzen gefunden. Neben 16 Aufstellungen im eigenen Land wurden 69 Anlagen (1986) nach Indien ausgeführt und 25 nach Pakistan. Die Größe und die Brauchbarkeit eignen sich besonders für Einzelgehöfte und devisenschwache Länder.

Der Gittermast hat eine Höhe von 14 Metern mit einem Gewicht von 2 Tonnen. Der Nennwind beträgt 11 m/s. Die drei Flügel aus Glasfaserstoff sind stallgesteuert. Das Drehen in den Wind erfolgt mit einem Seitenrad, der Windrad-Durchmesser ist 10,5 Meter, die Drehzahl 25,1 rpm. Mit einem Getriebe 25,1 zu 1800 rpm wird der Generator angetrieben.

Die Firma Köster ist wohl der älteste Hersteller von Windrädern in der Bundesrepublik, sie reicht bis an die Wende vom

ElektrOmat, 25 kW von Windkraftzentrale

19. bis ans 20. Jahrhundert heran. Westernräder von Köster arbeiteten zu Tausenden im Land. Vor einigen Jahren hat die Firma die Forschungsanlage der Deutschen Versuchsanstalt für Luft- und Raumfahrt (DFVLR) übernommen. Die Anlage erhielt in Erinnerung an die frühen Westernräder der Firma Köster den Namen „Adler". Der Konverter ist wegen seiner intensiven Blattverstellung für den Inselbetrieb und in schwachen Windgebieten besonders gut geeignet. Der abgespannte Rohrturm, der in zwei Hälften geliefert wird, erleichtert die Aufstellung der Anlage nicht unwesentlich.
Das dreiblättrige Windrad aus GFK hat einen Durchmesser von 25 Metern. Das Flügelprofil ist nach NACA 44 xx gebaut. Das Windrad wird mit einem Seitenrad in den Wind gestellt. Für gute Windgebiete wird die Anlage mit zwei Generatoren, 30 und 45 kW, ausgerüstet. Dabei betragen die Drehzahlen 33 beziehungsweise 50 rpm. Die Generatordrehzahlen liegen bei 1000 und 1500 rpm.
Ein anderer Hersteller von Windkraftanlagen, der seit 25 Jahren Windräder und Wasserkraftanlagen baut, ist die Firma Hermann Brümmer, die sich einen guten Namen bei ihren Kunden gemacht hat und auch auf der Testinsel Pellworm eine überragende Leistung gezeigt hat. Brümmer hat die ursprüngliche Leistung von 12 kW zügig über 17, 22 und 30 kW auf nunmehr 60 kW hochentwickelt. Die Stückzahl der aufgestellten WEK in der Bundesrepublik beziffert

Adler 25 der Firma Köster bei der Aufstellung

sich auf über 300 Exemplare. Sie zeichnen sich durch einen Betriebsbeginn schon bei der niedrigen Windgeschwindigkeit von 3 m/s aus, sowie durch ihre zuverlässige Sturmsicherheit. Die 40-kW-Anlage kostet ab Werk 91 000.– DM, somit 2275 DM/kW. Die Drehzahlregelung geschieht durch Fliehkräfte und ist damit besonders zuverlässig, da die Verstellkräfte windabhängig-mechanisch wirken.

Brümmer BW 160 mit 40-kW-Leistung

Die einfache Konstruktion kommt den Aufstellungs-Arbeiten sehr zugute. Der Turm besteht aus zusammensetzbaren Rohren mit Seilabspannung. Die Flügel bestehen aus Stahlholmen mit dem eigenen Profil „Brümmer 60 20". Die niedrige Schnellaufzahl von 3,5 garantiert einen leisen Lauf.

Auch in der Bundesrepublik hat sich die Einsicht durchgesetzt, daß die Windkraft mit großen Schritten auf ein höheres Niveau zueilt. Vor allem sind es die mittleren Betriebe, die wendig genug sind, in die neue Entwicklung in der Energiewirtschaft einzusteigen.

45-kW-Tacke-WEK, 1986

Die Renk-Tacke GmbH kam über die Lizenzherstellung von Wagner-Rotoren zur Windenergie und entwickelte sich zum selbständigen Hersteller von eigenen Windenergiekonvertern mit Leistungen von 45 bis 150 Kilowatt. Die Anlagen treten zunehmend auf den amerikanischen Windfarmen auf, was eine gewisse Qualitätsgarantie bedeutet. In der Bundesrepublik wurden in der kurzen Zeit 15 Exemplare aufgestellt. Die drei Glasfaser-Flügel mit dem Profil NACA 4412-24 werden wie beim Wagner-Rotor stallgesteuert. Der 150-kW-WEK erreicht seine Leistung bei einem Wind von 14 m/s und läuft bereits bei 4 m/s an. Die Generatorspannung beträgt, wie üblich, 380 Volt.
Nach diesen Darstellungen ist nicht mehr zu übersehen, daß uns bei den heutigen Kapazitäten der einschlägigen Industrie und bei der Güte der Anlagen ein großes Energiepotential unvermittelt und gegen viele Widerstände, auch von seiten des Staates, zuwachsen.
Die „Großkraft Wind" ist nicht mehr aufzuhalten! Sie ist auch kapitalstark genug, um zusammen mit der Wasserstoff-Technologie eine starke, billige und vor allem eine völlig saubere Energie aufzubauen. Der Wasserstoff aber ist allseitig zu nutzen, wie die Kohle und das Erdöl. Die Erfolge und die positive Einstellung der Energieversorgungs-Unternehmen zur Windkraft in den USA müssen auch wir zum Wohle der Menschen und der Natur übernehmen. Hier tun sich auch für die EVU neue Geldquellen auf. Es bestehen heute keine Gründe mehr, dem Volk eine Energieform aufzuzwingen, die es nicht haben will und deren Zeitraum recht kurz ist.
Wenn der Bundesforschungsminister im März 1987 den Beschluß faßt, die Stromversorgung auf Kohle, Öl und Kernkraft aufzubauen, weil Wasser, Wind und Sonne bis zum Jahr 2000 nur 9% des Bedarfs decken können, so ist das unsachlich, denn bis dahin sind es gerade noch 12 Jahre. In denen können auch die umweltschädlichen und „klassischen" Energien kaum 9% der derzeitigen Summenleistung der BRD aufstellen.
Nach den holländischen Ermittlungen existierten bereits 1983 (ohne die Oststaaten) 117 Firmen, die mittlere Windkraftanlagen bauen. Davon liegen 65 in den USA, 31 außerhalb Europas, 55 innerhalb Europas und davon 14 in der

Bundesrepublik. Seit dieser Zeit hat sowohl die Anzahl der Hersteller stark zugenommen als auch die Leistung der Windräder. Es ist zwar ein großer Fortschritt, daß bei uns derzeit fünf Windparks und eine Solaranlage von 500 kW im Entstehen sind, aber das reicht natürlich nicht. Die Größenordnungen sind völlig unzureichend.

Die deutschen Windparks (Stand 1988) setzen sich wie folgt zusammen:

Windpark	Ges. Leistung	Anzahl MAN	Anzahl MBB	Anzahl Enercon	Anzahl Windzentr.	Kosten
Kaiser-Wilh.-Koog	Ges.-Leistung 1 MW	20	–	5	5	4,6 Mill.
Jade-Windpark	2 MW	–	3		–	24 Mill.
W. P. Cuxhaven	1 MW	–	25	10	–	5 Mill.
W. P. Norden	0,275 MW	–	–	5	–	1 Mill.
Helgoland	2,4 MW	2	–	–	–	?
Summen (ohne Helg.)	4,25 MW	20	28	20	5	34,6 Mill.

Die 73 Anlagen je 50 kW (ohne Helgoland) kosten 34,6 Mill. DM, das sind je Anlage 474000 DM. Der Listenpreis für eine 50-kW-Anlage liegt bei 110000 DM. Dazu kommen noch Platz- und Anschlußkosten.

Die Windkraftnutzung hat, wie die Zahlen in den USA beweisen, längst eine Größenordnung erreicht, die es uns erlaubt, sie fest in die Energieplanung in größerem Stil einzuplanen.

Es besteht eine Zusammenstellung der derzeitigen Herstellungskapazitäten für Windkraftanlagen in der Bundesrepublik Deutschland mit den Schätzungen der Firmen über den Ausstoß von WEK in naher Zukunft. Die Werte sind in der nachstehenden Kurve zusammengetragen:

Die notwendigen Energieprogramme können also sofort anlaufen, noch dazu, wo in den USA durch den Dollarverfall bei uns Herstellungskapazitäten zunehmend frei werden.

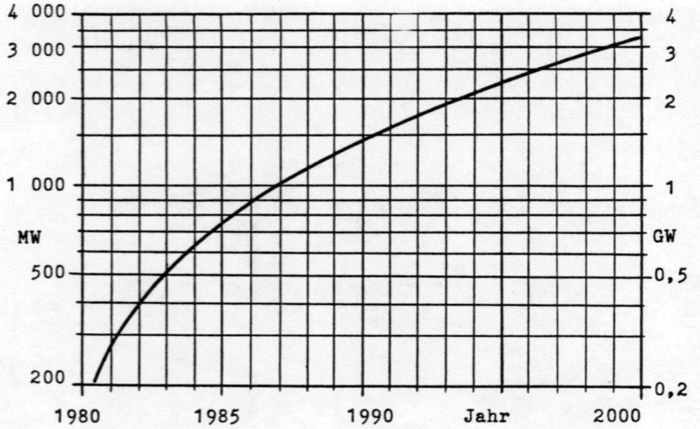

Die Herstellungskapazitäten der einschlägigen deutschen WEK-Hersteller in GW bzw. Megawatt

6.4 Einstieg in den Megawatt-Serienbau

Die erste Megawatt-Anlage stand 1941 in den Green Mountains/USA und arbeitete knapp fünf Jahre.

Helgoland, das bisher seinen Strombedarf von 2 MW mit Dieselaggregaten deckte, soll 1989 zwei GROWIAN 60 mit einer Einzelleistung von je 1,2 MW erhalten. Es wird ein Dreiflügler mit 60 m Durchmesser werden.

Im Mittel wird der GROWIAN 60 pro Jahr 5 GWh erzeugen.

Die Engländer haben schon einige Erfahrungen mit dieser Größenordnung. 1986 wurde die 1-Megawatt-Anlage MS 2 von Taylor-Woodrow aufgestellt. Sie arbeitet auf der Nordsee-Insel Orkney. Es ist der englische Prototyp für Anlagen mit 1 MW und wird sicher in Bälde an vielen Orten auftauchen.

Das Bild zeigt die klare Konstruktion der sicheren Verbindung der beiden Flügelblätter und die Gesamtmontage am Boden. Der komplette Konverter mit der Maschineneinrichtung wird zusammengebaut, auf den Betonturm hochgezogen. Das ist nicht nur einfacher, sondern vermeidet die gefährliche Arbeit in der stürmischen Höhe des Werkes.

GROWIAN 60 von MAN, Leistung 1,2 MW bei einem Wind von 12 m/s

Man kann nur vermuten, daß auf den Reißbrettern in den Konstruktionsbüros mehrerer Firmen die Entwürfe für 1-Megawatt-WEK erarbeitet, gezeichnet und berechnet werden, denn die Zeit ist reif dazu. Es wird nicht mehr lange dauern, bis die ersten Megawatt-Anlagen auf den Windfarmen in den USA erscheinen, die vielleicht wieder aus Europa kommen.

In den Niederlanden entwickelte STORK-FDO seinen NEWECS-45 mit der Leistung von 1 MW. Die Anlage besitzt zwei Flügelblätter mit Drehflügel und durchgehender Verbindung, wie sie der GROWIAN I hätte haben sollen. Die Maschinengondel liegt drehbar auf einem 60 Meter hohen Stahlmast. Die Leistung von 1 MW wird bei dem Ausbauwind von 13,9 m/s erreicht. Durch den polumschaltbaren Generator fährt der Konverter, je nach Windstärke mit Drehzahlen von 36 beziehungsweise 45 rpm und der Generator mit 1200 oder 1800 rpm. Das Planetengetriebe hat eine Übersetzung von 1 : 40.

Das Gesamtgewicht der Anlage beträgt 100 Tonnen. Dabei gehen 65 Tonnen zu Lasten des Turmes.
Es ist keine Frage, daß auch Schweden und Dänemark bald mit ihren Modellen in dieser Größe auf dem Markt erscheinen werden. Die Windkraftszene führt zusehends in eine neue und leistungsstarke Entwicklung, die, was die Energieversorgung betrifft, nur noch in Megawatt denkt. Wir stehen bereits mitten drinnen, während sich schon eine weitere Zehnerpotenz anmeldet.
Über die Durchführbarkeit der Windkraftnutzung in technischer Hinsicht kann heute überhaupt kein Zweifel mehr bestehen. Rund zwanzigtausend moderner Windkraftanlagen auf Windfarmen mit hoher Rendite bezeugen das.
Es ist nicht zulässig, wenn man von Forschungs-Anlagen auf die Wirtschaftlichkeit Schlüsse zieht. Die Forschung hat naturgemäß keine Beziehung zum Geld, während die Industrie unter starkem Konkurrenzdruck arbeiten muß. Der GROWIAN I war auf 46665000 Mark veranschlagt und kostete 94 Millionen. Allein für die beiden Flügel der 265-kW-Anlage von Voith wurden 2467000 Mark berechnet.

Die englische 1-MW-Anlage MS 2 von Taylor-Woodrow bei der Montage von Nabe und Flügel auf Orkney 1986

Schnittzeichnung des NEWECS 45 von STORK-FDO

Das ist das Zehnfache einer heutigen kompletten 300-kW-Windkraftanlage im Serienbau. Das kann man und darf man nicht miteinander vergleichen.

Die neueste Preisgestaltung von kleinen bis mittleren WEK ergibt folgendes Bild auf Grund der Preislisten:

Kosten ab Werk eines

10 kW-WEK sind im Mittel: 4000 DM/kW
50 kW-WEK sind im Mittel: 2600 DM/kW
100 kW-WEK sind im Mittel: 1750 DM/kW
200 kW-WEK sind im Mittel: 1400 DM/kW
500 kW-WEK sind im Mittel: 1150 DM/kW
1000 kW-WEK sind im Mittel: 1250 DM/kW

Mit einigen zunehmenden Problemen steigen die Preise mit den Leistungen wieder leicht an.

Herstellungspreise von Serien-WEK ab Werk in DM/kW

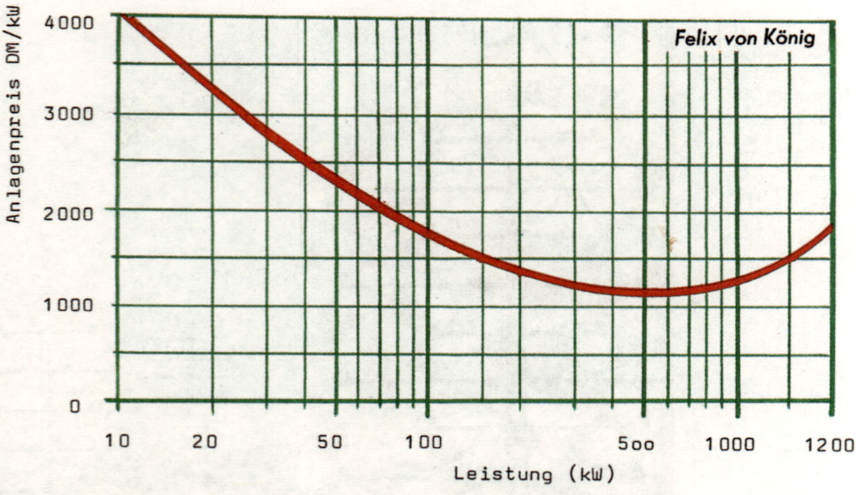

6.5 Eine Dezimale größer

6.5.1 Turm-Windkraftanlagen

Ein serienmäßiger 1-MW-WEK müßte bei 1,2 bis 1,4 Millionen DM liegen. Diesem gehört wohl die Zukunft auf dem Festland, ob als Einzelwerk oder in Windparks.
Wenn man das Kostendiagramm betrachtet, könnte man der Meinung sein, daß das Projekt Honnefs von 1932, bei dem er mit fünf Großwindrädern von 160 Meter Durchmesser, mit je 20 MW Leistung, installierte, nichts werden kann. Doch man muß genauer hinsehen. Honnef war ein bekannter Statiker. Die Statik ist sicher in Ordnung. Ein Generator mit so niedriger Drehzahl hat aber so viele Polpaare, daß er nur als Ringgenerator gebaut werden kann, denn Drehzahl-

Turm-Windkraftanlage nach Mayer-Schwinning 1977 mit 28 Serien-WEK

übersetzungen, mit welchem Getriebe auch immer, scheiden technisch zur Übersetzung von Drehzahlen aus. So hat Honnef die einzige richtige Konstruktion gefunden. Aber vor dem Jahr 2010, wo die ersten großen Energienöte eintreten, wird niemand ein solches Projekt aufgreifen.
Aus dieser Erkenntnis heraus schlug Dr. Mayer-Schwinning 1977 vor, viele Serienräder in Systemen von 3 bis 22 WEK auf Türmen mit Höhen von 35 bis 100 Meter zu plazieren. Die Einheitsräder waren mit einem Durchmesser von 15 Metern geplant, die man heute wohl etwas größer ausführen dürfte. Mit einem Wind von 10 m/s und einem Raddurchmesser von 21 Metern ergäbe sich eine Turmleistung von 2200 kW, also 2,2 MW. Der Vorteil dieser Bauweise ist die ausschließliche Verwendung von Listenmaterial wie Rotoren, Getriebe, Generatoren und alle Halb- und Fertigwaren. Die Idee garantiert einen risikolosen Bau.
Ein weiterer Vorzug dieser Bauweise ist, daß die Kosten eines solchen Energieturmes im voraus feststehen. Unterstellen wir der Kostenrechnung 28 Serienräder je 100 kW, dann beträgt der Preis dafür 28·100·1800 = 5,04 Millionen Mark für 2,8 MW. Dazu kommen noch die Preise für den Turm, Gelände und die Betriebseinrichtungen. Die Entscheidung darüber, ob einzelne Megawatt-Anlagen oder vielleicht auch mehrere Kraftwerke gebaut werden, ist dann eine Frage der Landschaftsgestaltung. Preislich liegen beide Varianten in der gleichen Größenordnung.

6.5.2 Aufwind-Kraftanlagen (Atmosphärenthermische Windkraftanlage)

Der Wind ist eine Folge weitflächiger Temperatur-Unterschiede auf der Erde. Er ist sozusagen ein Kind der Sonne, die auch örtliche Erwärmungen von Flächen herbeiführt, wenn diese unter einer Folie oder Glas liegen. Warme Luft hat wegen ihrer Ausdehnung ein geringeres Gewicht als kalte Luft. Die erwärmte Luft steigt deshalb nach oben, und zwar mit einer Geschwindigkeit, die um so größer ist, je höher die Temperaturdifferenz zwischen der oberen und unteren Luftschicht ist.

Überdacht man eine größere Bodenfläche mit einer Folie und faßt die aufsteigende Warmluft im Mittelpunkt der Fläche in einem Turm zusammen, so strömt in diesem die Warmluft mit einer Strömungsgeschwindigkeit von bis zu 50 m/s nach oben. Das ist schon fast eine Sturmgeschwindigkeit. Je größer nun die überdachte Fläche ist, um so mehr Warmluft steigt auf und verlangt einen entsprechenden Kaminquerschnitt. Die Kaminhöhe entscheidet die Fließgeschwindigkeit im Turm zusammen mit der Temperatur. Im unteren Drittel des Turmes (Kamin) befindet sich das Windrad mit dem Generator, beziehungsweise mehrere Windräder, je nach Größe der Anlage. Die aufsteigende Luft wird dadurch ersetzt, daß neue Luft am Umfang der Kollektorfläche zuströmt, um dann auf dem Weg zum Kamin erwärmt zu werden.

Dr. Karl Ernst hat sich in den siebziger Jahren eingehend mit diesen Aufwind-Kraftanlagen befaßt und dabei errechnet, daß zum Beispiel bei einer Kaminhöhe von 450 Metern und dem Kamin-Durchmesser von 35 Metern eine Strömungsgeschwindigkeit von 40 m/s entsteht, die eine Leistung von 750 Megawatt verspricht. Bei einer Turmhöhe von 550

Projektvorstellung einer Aufwind-Kraftanlage mit 100 MW nach Dr. Ernst

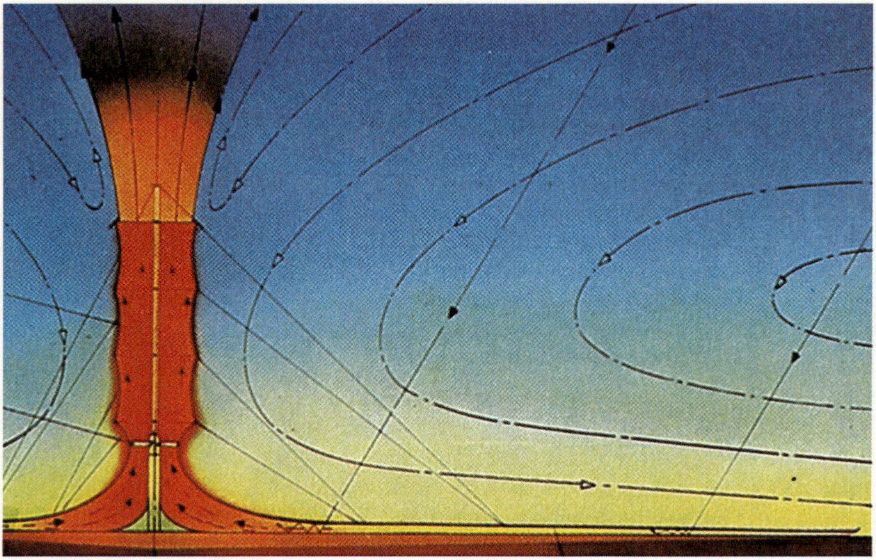

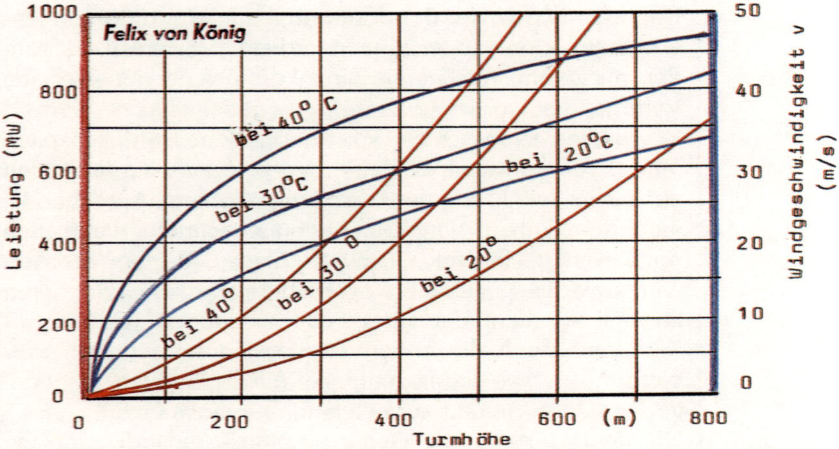

Nomogramm für Aufwind-Kraftanlagen mit den Daten Leistung (MW), Strömung v (m/s), Temperatur (°C) und Turmhöhe (m) nach Dr. Ernst

Meter und einer Innentemperatur von 40 °C ist eine Kaminleistung von 1 Gigawatt zu erwarten.

Die Abmessungen einer solchen Aufwind-Kraftanlage sind zwar nicht unbedeutend, aber doch geringer als bei Wärmekraftwerken. Ein Nomogramm, aus dem die Windgeschwindigkeiten, die Temperaturen und die Leistungen als Funktion der Turmhöhe und Windgeschwindigkeiten hervorgehen, zeigt den ganzen Umfang dieser Energie.

Ablesebeispiel: Ausgehend von der gewählten Turmhöhe und der Temperatur, z. B. 30 Grad Celsius, und einer Turmhöhe von 400 Meter geht man wie folgt vor:

Ermittlung der Windgeschwindigkeit: Senkrechte bei Turmhöhe 400 m bis zur blauen Kurve (30°) im Schnittpunkt rechts (blaue Ordinate) ablesen, ergibt v = 29 m/s. Schnittpunkt der Senkrechten (400 m Turmhöhe) und der roten Kurve, bei 30 °C, ergibt nach links auf der roten Ordinate die Leistung von 400 MW.

Die Bodenfläche des Kollektors kann auch im Betrieb der Anlage landwirtschaftlich genutzt werden und zwar mit Feldfrüchten, die Wärme brauchen, denn die volle Temperatur herrscht ja nur in Kaminnähe. Bei einer Werksleistung von 1 GW würde eine Kollektorkreisfläche, entsprechend einem Durchmesser von 5,5 km, erfordern. Doch vorerst sind solche Leistungen noch nicht abnahmefähig. Der Wind leistet hier mehr als der Maschinenbau.

Nachdem wir in der Bundesrepublik im Jahr 1020 Sonnenschein-Stunden nutzen können und etwa weitere 2000 Stunden mit geringerer Energie hinzukommen, ergibt sich eine Verfügbarkeit von zirka 55%.
Wir wollen jedoch nicht von theoretischen Möglichkeiten reden, sondern an Hand eines Vorprojektes die Realitäten aufzeigen. Die Phase der Forschungsarbeiten ist vorbei. Die technische Entwicklung kann begonnen werden, wenn auch noch nicht gleich mit Gigawatt-Anlagen, die bei der Aufwindkraft die gegebenen Arbeitsbereiche sind und deren Herstellung nicht der Hochtechnik bedürfen wie bei der Kernkraft. Auch die hohen Türme sind statisch kein Problem. Überdies kann man sie mit Stahlseilen in jeder gewünschten Anzahl zum Gelände hin abspannen.
Die deutsch-spanische Demonstrations-Aufwindkraftanlage bei Manzanares, die in den Jahren 1979 bis 1985 gebaut und getestet wurde, hat das Funktionsprinzip vollauf bestätigt. Die Testanlage hatte eine Kaminhöhe von 200 Meter, einen Durchmesser von 10 Meter und eine Leistung von 100 Kilowatt. Das von Folien überspannte Gelände (Kollektorfläche) betrug in seinem Durchmesser 250 m. Von besonderem Interesse war die Wärmespeicherfähigkeit des Bodens unter dem Kollektor. Das Ergebnis war überraschend. Die Speicherung der Wärmemenge des Erdbodens war so groß, daß bis in die tiefe Nacht hinein mit großer Leistung gefahren werden konnte. Die wichtigsten Erkenntnisse der 100-kW-Testanlage war der Nachweis, daß Theorie und Praxis übereinstimmen, so daß wir um eine große unerschöpfliche Energiemenge reicher geworden sind. Wir brauchen sie nur zu nutzen.
Es soll hier ein relativ kleines Projekt, gemessen an den großen mit Aufwind erzielbaren Leistungen vorgeschlagen werden.
Die Nennleistung des ersten Aufwind-Kraftwerkes (AWK) betrage 50 Megawatt, das in jeder Hinsicht problemlos ist und sich im Rahmen der heute alltäglichen Technologie hält.
Als Grundlage für das Projekt dienen folgende Daten:
Nennleistung: 50 000 kW (50 MW)
Höhe des mit Folie bespannten Skelett-Turmes: 350 Meter

Geringster Durchmesser des Turmes (Kamins): 100 Meter
Betriebstemperatur an Sonnentagen: 30° Celsius
Aufwind-Geschwindigkeit im Kamin: 30 m/s
Kollektor-Durchmesser für die Wärmeerzeugung: 2,5 ⌀ Kilometer
Die Durchrechnung des Projektes hat folgende Ergebnisse gebracht:
Die Windradgröße ergibt sich aus der Leistungsgleichung und den Werten nach Ernst für die Aufwindgeschwindigkeit mit 30 m/s zu 100 m Durchmesser. Legt man eine nicht zu hohe Schnellaufzahl von $\lambda = 7$ zugrunde, so ergibt das eine Drehzahl von 40 rpm. Das ist zugleich die Drehzahl für den Generator, da man z. Z. solche Leistungen noch nicht übersetzen kann.
Als Generator kommt wohl nur ein Schirmgenerator in Frage, der am besten unter Flur aufgestellt wird und von oben her mit einer langen Welle angetrieben wird. Das hat u. a. auch den Vorteil, daß der Generator unterirdisch frische Kühlluft erhält und die Warmluft als zusätzliche Energie in den Kamin abgibt. Das entspricht immerhin rund 2000 kW zusätzlich und nachts eine Verlängerung der Betriebszeit. Der Generator selbst erhält einen Durchmesser von 15 Meter und eine Bauhöhe von 3 m. Seine Drehzahl beträgt 40 rpm.
Als Kollektorfläche, also die Bodenfläche unter der Folie, wird ein Durchmesser von 2,5 Kilometer gebraucht, der noch als Anbaufläche für südliche Bodenfrüchte genutzt werden kann.
Nachdem der Generator im unteren Viertel des Turmes installiert wird, kann darüber die Folie mit einem hellen Blau getönt werden. Damit stört visuell der Turm in der Landschaft kaum mehr als ein Kühlturm. Die spätere Dimensionierung auf mehrere hundert Megawatt hält die Anzahl solcher Anlagen in Grenzen.
Ein Kernkraftwerk ist mit Sicherheit ein wesentlich größerer Eingriff in die Natur als eine atmosphärenthermische Anlage, die absolut umweltfreundlich ist, nur mit der Sonnenenergie die Luft bewegt, keine Rohstoffe verbraucht und keine Devisen und schon gar keine Entsorgung. Die Sonne und der Wind, beide zusammen, wie bei Aufwindkraftwer-

Projekt eines 50-Megawatt-Aufwindkraftwerkes

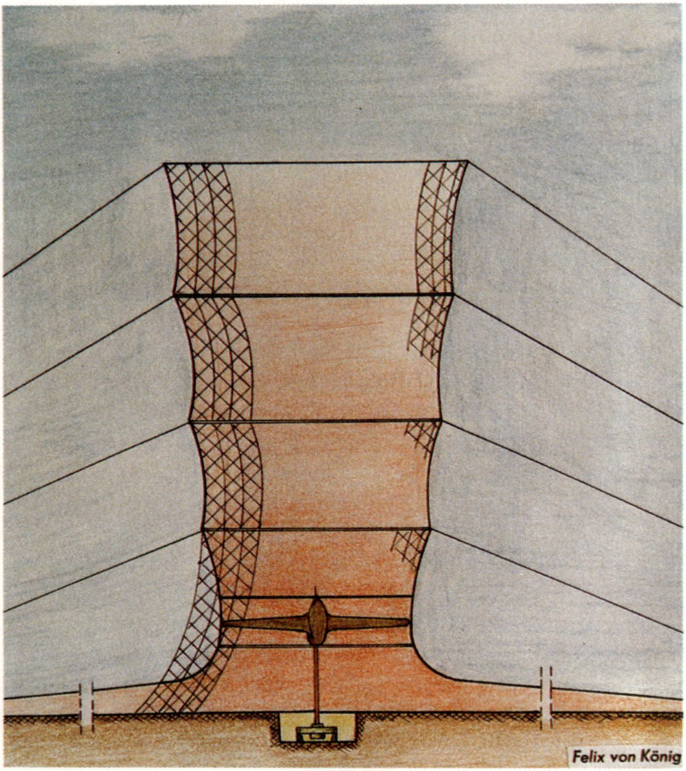

ken sind schon eine Großkraft. Es besteht kein Grund zu der Behauptung, daß die Windkraft nicht den Leistungszuwachs der Jahre übernehmen kann, wenn wir nur ein bißchen umdenken.

6.5.3 Drachen-Großwindkraftanlagen

Das Instrumentarium der Windkraftnutzung wurde in den letzten zwanzig Jahren immer reichhaltiger. Oft sind es Außenseiter, die gute Ideen haben und sie auch weiterentwickeln.

In den siebziger Jahren dehnte der Kunstmaler Erich Herter

seine Beschäftigung mit formalästhetischen Darstellungen, sogar auf die Windräder, mit einem interessanten Ergebnis, aus.
Er baute Flugmodelle, die er an einem Seil im Kreis bewegte und erkannte, daß sie sich in jedem Fall aerodynamisch stabil verhielten. Das Seil nutzte er als eine imaginäre Achse. Das Flugmodell wurde zum H-Rotor nach Darrieus, jedoch ohne starre Achse und Speichen. Damit wurden alle Biegungsmomente ausgeschaltet. Der Rotordurchmesser war, statisch gesehen, ohne Begrenzung mit der Folge, daß auch die Rotorleistungen auf 20, 30 und mehr Megawatt ansteigen konnten, ohne an technologische Grenzen zu stoßen. Es gab nur noch Zugkräfte in den Seilen. Eine Förderung wurde nicht gewährt, doch die Idee ist wert, sie im Gedächtnis zu behalten, bis die Windkraftnutzung in ein freundlicheres Klima kommt. Wir können es abwarten.
Der technische Aufbau und der Betriebsablauf des „Drachen-Großwindkraftwerkes", wie Herter es nannte, sind relativ einfach. Als Flügelblätter dienen die Tragflächen von Flugzeugen, die an Seilen um einen Mittelpunkt kreisen, nachdem sie zunächst mit einer Fremdkraft gestartet wurden. Die Flugkörper steigen durch Auftrieb ihrer Flügel auf und stellen sich durch die Zentrifugalkraft (stallgesteuert) senkrecht, so daß die Flügel wie ein gerades Darrieusblatt am Seil um einen Festpunkt kreisen. Der Auftrieb der Flügel zusammen mit dem herrschenden Wind, beschleunigt die Geschwindigkeit der Flugkörper wie beim Darrieus-Rotor, der seine Leistung an einen Generator abgibt. Das Seil aber kann keine Arbeit übertragen. Aus diesem Grund erhalten die Flugkörper zwei kleine Windräder, die der Umfangsgeschwindigkeit der Flugkörper, beziehungsweise deren Gegenwind, die Leistung abnehmen. Wegen der hohen Umfangsgeschwindigkeit ergeben sich nur kleine Windraddurchmesser, die wie Propeller aussehen.
Bei Flaute landen die Flugkörper auf der Ringstraße am Boden. Das System ist computergesteuert.
Die Leistung ergibt sich aus der doppelten Seillänge und der Flugkörper-Breite (2 Flügellängen und Rumpfbreite).
Wählt man zum Beispiel eine Flugkörperbreite mit 50 Meter und eine Seillänge von 400 Metern bei einem herrschenden

Drachen-Groß-windkraftanlage mit 3 Flugkörpern nach Herter

Wind von 10 m/s, so ergibt das eine Rotor-Leistung von 10 Megawatt. Bei einem Wind von 12,6 m/s sind es 20 MW und bei 14,5 m/s rund 30 MW. Zusammen mit der Wasserstoff-Technologie ergibt sich eine sehr brauchbare Energie von nicht geringer Quantität, umweltfreundlich und unerschöpflich. Auch wenn wir diese Art der Windkraft in den nächsten zehn Jahren wohl kaum anwenden werden, so ist sie doch eine stille Reserve.

7 Windenergienutzung auf den Meeren

7.1 Off shore-Anlagen

Einundsiebzig Prozent der Erdoberfläche befinden sich unter Wasser, das heißt unter den Meeren, und die Wind-Geschwindigkeit über dem Meer ist etwa doppelt so groß wie über dem Festland. Das Windkraftpotential über den Meeren ist also 27mal so groß wie auf dem Land.
Das wirkt sich nicht nur energetisch aus, sondern auch technologisch, denn bei gleicher Einheitsleistung mindert sich der Windraddurchmesser einer maritimen Anlage um zwei Drittel gegenüber einer Binnenland-Anlage. So braucht man z. B. statt 100 m Durchmesser nur 33 m$^{\varnothing}$. Das erbringt größere Möglichkeiten. Arbeitsmäßig ist jedoch der Unterschied noch viel drastischer, da die effektiven Windstunden wesentlich häufiger sind als auf dem Land. Damit liegt die ausbaubare Windleistung von maritimen Windkraftanlagen gegenüber dem Festland um das fünfzig- bis sechzigfache höher. Off shore-Windkraftanlagen können praktisch jede gewünschte Energiemenge wirtschaftlich liefern. Es bedarf dazu nur der Zwischenschaltung von Wasserstoff, der ja sowieso schnellstmöglich die Verbrennungsstoffe ersetzen muß. Das wissen wir zwar schon seit sechzig Jahren, aber jetzt wird es höchste Zeit und zwar nicht nur als Basis für die Wärmekraftwerke, sondern als Ersatz für Benzin und Dieselöle. Außerdem müssen wir in den nächsten 15 Jahren auch von der Kernkraft aus vielseitigen Gründen weg. Doch was fällt uns zur Einführung der Wasserstofftechnologie ein?
Bei dem Wort H_2-Technik denken wir nur an die Begriffe wie „Hochtemperatur-Dampfphase-Elektrolyse", zu der man natürlich Kohle und Kernkraft braucht. Der Gewinn wäre dabei nur, daß man mit Hochdampf für die Erzeugung eines Normalkubikmeters Wasserstoff rund 3 kWh benötigt, während man bei der Kalt-Elektrolyse 4,5 kWh braucht, die dann von Sonne-, Wind- oder Wasserkraft ohne irgendeinen fossilen oder nuklearen Betriebsstoff erzeugt würden. Man

will also schadstoffreien Wasserstoff mit schädlichen Energiestoffen herstellen! Mit diesen Vorstellungen bedrängt man heute schon die Regierung.
Es stört auch niemanden, daß der Wirkungsgrad von Wärmekraftwerken nicht einmal 30% erreicht, so daß also zwei Drittel der schädlichen Heizstoffe direkt in die Luft und die Wälder verfrachtet werden und kaum jemand weiß, daß der Wasserstoff damit dreimal so teuer wird als der, der von kostenlosen und unerschöpflichen Energien stammt. Die wenigen Bürger, die unverdrossen immer wieder an der Realisierung von alternativen Großtechniken arbeiten, erwerben sich große Verdienste. Es sind keine Träumer, sondern meist überdurchschnittliche Fachleute, wie Honnef und andere, die ihr ganzes Wissen einsetzen, die unerschöpfliche „Großkraft Wind" zu ermöglichen.
Honnef entwarf in der klaren Erkenntnis, daß wir die Windkraft brauchen und sie vor allem über den Meeren finden, eine 40-MW-Anlage auf zwei Pontons.
Die beiden Windräder haben einen Durchmesser von 160 Metern, deren äußerer Kranz als Ringgenerator ausgebildet ist. Bei der geringen Drehzahl des Rotors kommt faktisch nur ein Ring-Generator in Frage, da die niedrige Drehzahl so

40-Megawatt-Offshore-Projekt von Honnef, 1932

Off shore-Projekt nach Heronemus im Golf of Maine, 1972

viele Polpaare erfordert, die nur auf einem Ring unterzubringen sind. Die Anlage ist von klassischer Einfachheit und statischer Ausgewogenheit.
Der amerikanische Professor Heronemus hat anfangs der siebziger Jahre ein Off shore-Projekt für den Golf of Maine aufgestellt. Was die Windräder betrifft, ging er nicht das geringste Risiko ein. Er wählte Einheits-Windräder mit 100 kW.
Heute würde man sicher 300 kW-WEK wählen. Damit minderten sich die Kosten auf fast ein Drittel. Die Idee war je

Turm 34 WEK zu montieren und alles auf ein Schiff oder eine Boje zu setzen. Eine solche Einheit hätte eine Leistung von 3,4 MW (heute 10 MW). 165 dieser Türme sollten zu einer kreisförmigen Gruppe zusammengefaßt werden, die 562 MW (heute 1,5 GW) ergäben. 80 Gruppen sollten zu einem Verband mit 45000 MW (heute 135000 MW = 135 GW) zusammengefaßt werden. Die „bebaute" Meeresfläche sollte 80000 Quadratkilometer betragen. Die Abmessungen des Energiefeldes wären 285 mal 285 Kilometer. Die Jahreserzeugung sollte sich auf 180 TWh belaufen.

Vor 15 Jahren wurde das Projekt noch nicht ernstgenommen. Es galt als science fiction mit realem Hintergrund. Gegenüber unseren Raumfahrtprojekten mit „Indianer-Dörfern" auf dem Mond und Basen auf anderen Planeten, ist das Golf-of-Maine-Projekt der reinste Pappenstiel.

Pläne, wie das Maine-Projekt brauchen natürlich ihre Zeit, aber, auch dann, wenn man sich 20 Jahre Zeit dazu ließe, wäre der jährliche Energiezuwachs doch 2,25 Gigawatt. Das sind realere Pläne als die utopische Kernfusion. Seit über 20 Jahren versucht man, sie im Reagenzglas zu verwirklichen und niemand bei CERN macht sich heute Gedanken über die Unmöglichkeit der praktischen Einschließung von Massen mit Wärmegraden von vielen Millionen, bei denen jedes Material sofort verdampft. Es sind die gesuchten Top-Forschungen.

Dagegen wird die Windnutzungsforschung auf kleinster Flamme gekocht. Die neuen Ideen kommen sowieso von außen. Die Probleme der maritimspezifischen Windkrafttechnologie bewegen Erfinder und Ingenieure, die hier als Analytiker gefragt sind.

Die Bedingungen an einem WEK als Schiffsrotor sind folgende: Niedrige Bauhöhe, große Leistung, überdurchschnittliche Sicherheit, Einfachheit, geringe Momentenkräfte am Rotor und natürlich gute Wirtschaftlichkeit, also eine völlig neue Bauweise. Es ist ein klarer Auftrag an den Geist und eine Herausforderung an ihn.

Dr. Ing. Wagner stellte sich dieser Herausforderung und kam zu einer verblüffenden Lösung, die allen Forderungen entgegenkommt.

Er stellte die Achse des Rotors in einen Winkel von 45° zur

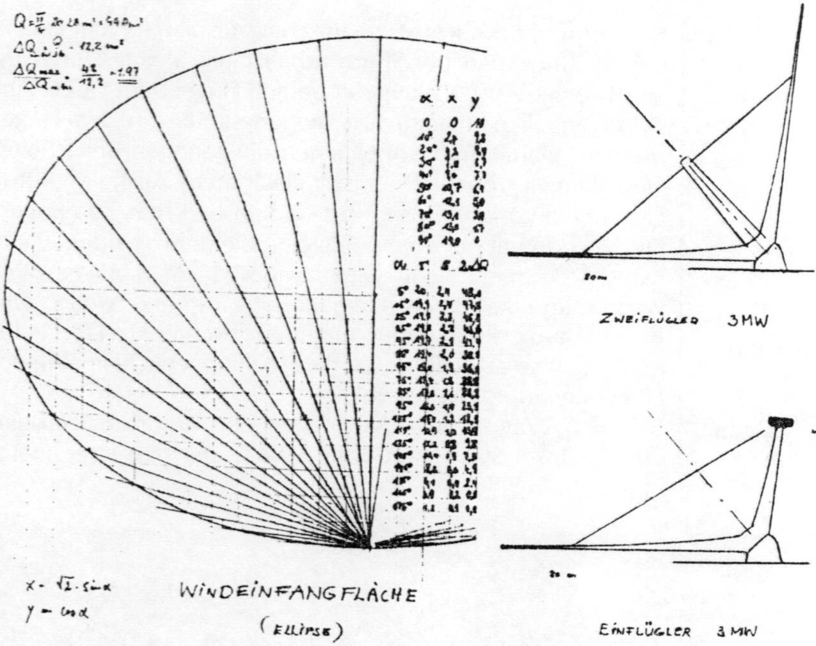

Skizze Dr. Wagners zur Statik seines Schiffsrotors, oben rechts: Rotor mit zwei Flügeln, unten rechts: Einflügler mit Pylon, linke Seite: Windfläche

Waagerechten und die beiden Flügel mit 90° zueinander. Die Optimierung erbrachte später eine Achsrichtung von 53° zur Waagerechten und den Winkel zwischen den beiden Flügelblättern von 101°.

Mit der schrägen Lage der Achse muß natürlich auf einen Teil der Windeinfangfläche verzichtet werden; denn während einer Umdrehung wandern die Flügel jeweils aus der Senkrechten in die Waagerechte. Damit gehen rund 30% der Kreisfläche verloren. Die Nutzfläche mindert sich auf eine Ellipse mit einer Fläche von 70%, die auf der linken Seite der Skizze abgebildet und planimetriert wurde.

Der Flächenverlust kann durch eine geringe Flügelverlängerung ausgeglichen werden. Die Vorteile der Erfindung sind gravierend. Dadurch, daß die Flügel in ihrer unteren Lage immer in die Waagerechte gehen, entfällt der Turm, der auf einem Schiff nicht brauchbar ist. Gleichzeitig sinkt der

Schwerpunkt des Rotors so tief, daß das Schiff nicht gefährdert ist und auch bei Sturm arbeitsfähig bleibt. Durch die gegenseitige Abspannung der beiden Flügel oder Flügel zum Pylon entfallen nahezu alle Biegungskräfte an den Flügelblättern. Damit aber ermöglichen die geringen Belastungen Flügellängen von bisher nicht gekanntem Ausmaß. Rotor-Leistungen von 100 Megawatt sind absolut sicher zu bauen. Die Version mit nur einem Flügel und einem aerodynamisch nicht wirksamen Pylon wird hauptsächlich dann gewählt, wenn man eine höhere Drehzahl des Rotors erreichen will. Die Leistung wird damit nicht eingeschränkt. Der Pylon muß dann so ausgeführt werden, daß er gewichtsmäßig den Flügel genau kompensiert.

Das von Wagner in Auftrag gegebene Rotorschiff arbeitet vor der Insel Sylt schon über 6 Jahre mit den errechneten

Wagner-Schiffsrotor vor Sylt mit 250-kW-Leistung, zwei Flügel mit 20 Meter Länge mit Profil FX 77 W

Felix von König

Windgeschwindigkeit (m/s)	Rotorleistung (MW)									
16	1,0	2.35	4,2	6,5	7,8	12,8	16,5	26,0	37,0	59,0
14	0,7	1,6	2,8	4,4	5,3	8,6	11,1	17,6	25,0	39,5
13	0,56	1,3	2,25	3,5	4,2	6,9	8,9	14,0	20,0	31,5
12	0,48	1,0	1,75	2,75	3,3	5,4	7,1	11,0	15,7	25,0
11	0,34	0,75	1,35	2,1	2,6	4,2	5,4	8,5	12,1	19,0
10	0,25	0,35	0,65	1,6	1,2	3,1	4,0	6,4	9,1	14,5
8	0,13	0,3	0,5	0,8	0,9	1,6	2,1	3,3	4,7	7,5
ℓ (m)	20	30	40	50	55	70	80	100	120	150

Flügellänge des Schiffsrotors

Die Leistungen des Wagner-Schiffsrotors

Werten und überstand sämtliche Stürme. Nach den Berechnungen könnten Rotoren bis zu einer Flügellänge maximal 500 Meter gebaut werden. Das ist weit mehr, als maschinell und elektrisch bei diesen Drehzahlen verarbeitet werden kann. Auch die Wasserstoffmenge, die ein so großer WEK erzeugen würde, sprengt die Räumlichkeiten auch eines großen Schiffes.

Um die Behauptungen nicht im Raum stehen zu lassen, zeigen die errechneten Leistungen für Flügellängen von 20 bis 150 Metern bei den Windgeschwindigkeiten zwischen 8 und 16 m/s.

Um die Off shore-Möglichkeiten mit dem Schiffsrotor mit Wasserstoff-Erzeugung in die Wege zu leiten, hat der Autor ein Vorprojekt in der Deutschen Bucht ausgearbeitet.

7.2 Vorprojekt des Autors eines 50-MW-Off-shore Windparks mit Wasserstoff-Erzeugung in der Deutschen Bucht

Das Projekt beschränkt sich bewußt auf die Größenordnungen, die seit langem routinemäßig hergestellt werden. Der Windenergiekonverter könnte zehnmal so groß gebaut werden. Die 50 Megawatt sollen durch 17 Einheiten je 3 Megawatt erreicht werden. Die maschinellen und elektrischen Anlagen, sowie die Hydriereinrichtungen für die Wasserstoff-Erzeugung und die H_2-Speicher sind listenmäßige Erzeugnisse. Neu ist die Anwendung des Wagner-Schiffsrotors im Megawatt-Bereich, aber die Leistung von 3 MW liegt im unteren konstruktiven und wirtschaftlichen Bezirk angesiedelt. Jedes Risiko wird vermieden und kein Element bedarf noch der Forschung.

Es ist vorgesehen, die ersten drei Einheiten vor der Küste im Probelauf zu testen und die Einrichtungen zu komplettieren, bis auch die Wasserstoff-Transporte zum Land und zu den Verbrauchern fahrplanmäßig eingerichtet sind. Dann beziehen die Rotorschiffe ihre Einsatzorte in der Deutschen Bucht, nachdem jedes Schiff, zunächst für drei Monate, vor der Küste einen Probelauf absolviert hat.

Nach dem praktizierten Seerecht steht allen Anliegern der Meere ein wirtschaftliches Nutzungsrecht bis zu 200 Meilen Entfernung von der Küste zu. Das ist für die Bundesrepublik die Deutsche Bucht, die durch die Rechte der Nachbarn eingeschränkt werden kann, wenn sich die Wirtschaftsgebiete überschneiden. Aber auch dann verbleibt uns immer noch ein recht großes Gebiet für die Plazierung größerer Windparks, ohne den Seeverkehr oder die Fischerei zu stören.

Die Deutsche Bucht ist der südöstliche Raum der Nordsee einschließlich der etwa 40 Kilometer breiten Wattgebiete vor den Küsten Schleswig-Holsteins, Niedersachsens und den ostfriesischen Inseln.

Der Bericht Nr. 147 des Deutschen Wetterdienstes über die Windverhältnisse enthält auch Beobachtungen der Windverhältnisse in der Deutschen Bucht, die dem Projekt zugrundegelegt wurden. Mit diesen Daten wurde die langzeitliche Winddauerlinie aufgestellt und die Leistungsdauerlinie für einen 3-MW-Wagner-Schiffsrotor errechnet und aufgetragen.

Die Daten über die Leistungen des Wagner-Schiffsrotors in der Tabelle, die mit der speziellen Gleichung

$$P = 0{,}23 \cdot v^3 \cdot (2 \cdot \ell) \cdot 0{,}7 \cdot 10^{-6} \text{ (MW)}$$

errechnet wurden, zeigen eine erstaunliche Bandbreite. Für die Flügellängen $\ell = 20$ bis 150 m ändern sich die Leistungen von 1 MW bis 59 MW, bezogen auf einen Wind von 16 m/s. Ein auch nur ähnliches Spektrum ist mit keinem anderen WEK zu erreichen. Bei einem Wind von 11,5 m/s und einer Flügellänge von 55 m wird eine Leistung von 3 MW erzeugt. Diese Daten sollen dem Projekt unterstellt werden und mit den Windwerten in der Deutschen Bucht die Leistungsdauerlinie aufgestellt werden.

Die Planimetrierung der Leistungsdauerlinie ergibt eine Jahreserzeugung von 12100000 kWh, also 12,1 GWh/a, die uns für die Wasserstofferzeugung zur Verfügung stehen.

Nunmehr gilt es die Bau-Charakteristiken zu ermitteln, die bei einem WEK weitgehend von der Schnellaufzahl beeinflußt werden. Es gilt, zwischen zwei Extremen zu wählen. Einesteils kann die Drehzahl gar nicht hoch genug sein, um die Generatordrehzahl zu erhöhen und die Kraftmomente im Getriebe zu begrenzen. Auf der anderen Seite sollen die Flügelblätter nicht zu schmal werden und die Windströmung effektiv, beziehungsweise optimal genutzt werden.

Winddauerlinie (blau) und Leistungsdauerlinie (rot). Für die Windverhältnisse der Deutschen Bucht, bei einer Flügellänge von 55 m eines Wagner-Schiffsrotors und einer Begrenzung durch die Generatorleistung von 3 MW

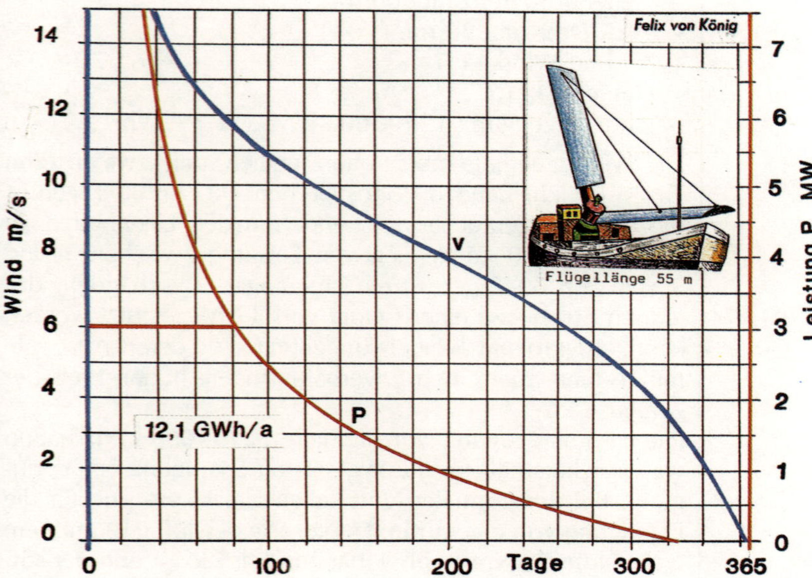

Das verlangt breitere Flügel und somit eine kleinere Schnelllaufzahl. Die Abwägungen haben eine Schnellaufzahl von $\lambda = 10$ ergeben. Die Flügelspitzen bewegen sich also mit der zehnfachen Windgeschwindigkeit. Das ergibt eine Nenn-Drehzahl des Rotors von $n = \frac{v \cdot \lambda \cdot 60}{D \cdot \pi} = 20$ rpm

Dabei ist $v = 11{,}5$ m/s, $\lambda = 10$, und $D = 2 \cdot \ell = 2 \cdot 55 = 110$ m.

Damit ist der ganze Maschinenbau festgelegt. Da zugunsten einer hohen Drehzahl eine hohe Schnellaufzahl eigens gewählt wurde, wird man den Rotor mit einem Pylon und einem Arbeitsflügel ausrüsten. Zwei Arbeitsflügel würden ja die Drehzahl halbieren.

Um bei dem Getriebe noch mit zwei Stufen auszukommen, wird man für den Generator die niedrigste Normdrehzahl von 300 rpm einsetzen, so daß die Übersetzung des Getriebes 20 : 300, also 1 zu 15 beträgt und zwei Stufen erhält. Damit sind wir schon mit den notwendigsten Daten bedient. Sie lauten:

- Leistung für Getriebe und Generator 3000 kW (3 MW)
- Generator-Drehzahl 300 rpm
- WEK-Drehzahl 20 rpm
- Ausbau-Wind 11,5 m/s
- Getriebe 1 : 15
- Jahres-Erzeugung 12 100 000 kWh (12,1 GWh)

Die Winddauerlinie macht offensichtlich, daß etwa an zehn Tagen im Jahr nahezu Windstille herrscht. An 60 Tagen ist die Leistung gerade ausreichend, um den Eigenbedarf zu stillen. An 220 Tagen liegt die Leistung zwischen 1 und 3 MW. An 80 Tagen ist ein Überangebot vorhanden, das jedoch nur bis zu einer Quote von 3 MW genutzt werden kann. 40 Prozent bleiben ungenutzt. Für deren Ausbeute müßte man aber einen unverhältnismäßig hohen Preis bezahlen.

Die Stromerzeugung von jährlich 12 100 000 kWh haben wir projektgemäß für die Wasserstoff-Erzeugung zur Verfügung. Bei der normalen und kalten Elektrolyse sind für die Erzeugung von einem Kubikmeter Wasserstoff (H_2) mit dem Normaldruck (Nm^3) von 1 bar rund 4,5 kWh erforderlich.

Bei einer Leistung von 3000 kW ergibt das 667 Nm^3 H_2 in der Stunde. Das summiert sich im Lauf eines Jahres bei 12100000 kWh zu 2700000 Normalkubikmeter Wasserstoff mit einem Heizwert von 2570 kcal (10760 kJ). Diese 2,7 Millionen Kubikmeter Wasserstoff, die ohne einen fossilen Brennstoff und ohne nuklearen Stoff entstanden sind, müssen zum Teil auf dem Schiff und teils auf dem Land gespeichert werden. Ein regelmäßiger Abholdienst wird das H_2 laufend vom Schiff zum Hauptlager bringen, von wo das Gas zu Tankstellen und anderen Verbrauchern verteilt wird.
Eine Reihe von Preisvergleichen zwischen Wasserstoff und Benzin hat ergeben, daß insgesamt der Wasserstoff billiger als Benzin ist, wenn er nicht mit Hilfe von Kohle, Öl oder Uran hergestellt wird, wobei der Preis bei der zu erwartenden allgemeinen Energienot gar keine so wichtige Rolle spielen würde.
Die Wirtschaftlichkeit des Wagner-Rotorschiffes wird natürlich weitgehend von der Wasserstoff-Erzeugungsanlage und des Gasspeichers geprägt. Der H_2-Speicher darf nicht zu groß und auch nicht zu klein gewählt werden. Die Kenntnis darüber setzt das Wissen über den vom Wind abhängigen Erzeugungsverlauf des H_2 voraus. In einer Stunde entstehen bei Vollast 667 Nm^3 H_2 und demnach im Tag 16000 Nm^3/d. Im ganzen Jahr sind es 2,7 Mill. Nm^3/a. Doch wie verteilen sich die Mengen auf das Jahr? Unter der Berücksichtigung der Winddauerlinie ergeben sich folgende Mengen für die verschiedenen Zeitabschnitte.

Speicher-Monate	H_2-Anfall 1 000 Nm^3	Volumen m^3 b. 200 bar	Gewicht d. Drucksp. t	Volumen flüssig	Kugelbehälter Anzahl	Kugelbehälter Gewicht
1	480	2 400	2 700	607	200	100
2	750	3 750	4 300	950	315	158
3	1 000	5 000	5 700	1 265	420	210
6	1 500	7 500	8 300	1 900	630	315
9	2 200	11 000	12 500	2 800	935	468
12	2 700	15 500	18 400	3 400	1 350	675

Tabelle zur Ermittlung der Speicherform und -größe, sowie der Gewichte.

Die H_2-Mengen, die anfallen, sind so gewaltig, daß eine Speicherung im Normalzustand, wie er erzeugt wird, nicht in Frage kommen kann. Selbst eine Verdichtung des Gases auf 200 bar, die nur noch den zweihundertsten Teil des Normalvolumens erfordert, bringt nur eine mäßige Entlastung der Speicherkapazität. Die Druckspeicher für 200 bar bedürfen bereits so großer Wandstärken, daß die Gewichte der Speicher zu unwirtschaftlichen Tonnagen der Schiffe führen würden. Nur die Verflüssigung des Wasserstoffes bringt brauchbare Speicherverhältnisse.

Ein Kubikmeter Normalgas entspricht einem Volumen von 1000 Liter (1 m^3). Verflüssigt füllt 1 Nm^3 H_2 gerade 1,27 dm^3 aus. Zu dieser enormen Raumminderung kommt noch hinzu, daß der flüssige Wasserstoff druckfrei gelagert werden kann, so daß die Gebinde-Gewichte sehr niedrig sind. Der verflüssigte Wasserstoff nimmt zwar nur noch den siebenhundertneunzigsten Teil des Volumens von H_2 im Normalzustand ein, doch ist die Menge noch so groß, daß, wenn man den Schiffsraum in normalen Grenzen halten will, nicht mehr als den Wasserstoff-Anfall eines Monats wesentlich überschreiten soll. Wählen wir Kugelspeicher mit starker VSI-Vakuum-Isolierung für einen Inhalt von 3 m^3 aus, dann erhalten wir 200 Kugelbehälter mit einem Durchmesser von etwa 2,2 m. Ein Speicher dieser Größe fügt sich in den Schiffsraum noch gut ein.

Der 3-Megawatt-WEK mit seiner Wasserstoff-Erzeugungsanlage und dem H_2-Speicher stellen einen großen Anteil der Gewichte, die vom Schiff getragen werden müssen. Für die Hydrierung von 667 Nm^3 H_2 in der Stunde sind z. B. vier Elektrolyseure von BBC Typ EBN 330 notwendig, von denen jeder 180 Nm^3 Wasserstoff erzeugen kann. Das Einzelgewicht beträgt 25 Tonnen, zusammen also 100 t. Dazu kommen zwei Laugenbehälter mit dem von 24 Tonnen. Zusammen mit den anderen Gewichten können die Tonnagen für das komplette Rotorschiff erkundet werden, die für die 3-MW-Anlage hier zusammengestellt sind:

3-MW-Wagner-Rotor, Flügellänge 55 m	18 Tonnen
Nabe	10 Tonnen
Generator und Getriebe	16 Tonnen
Hydrieranlage	124 Tonnen
200 Flüssigspeicher für H_2	80 Tonnen
Kompressoranlage	4 Tonnen
Notstromanlage	2 Tonnen
6-kV-Schaltanlage	3 Tonnen
Einbauten	15 Tonnen
Sonstiges	10 Tonnen
Schiffskörper für 2500 BRT	1200 Tonnen
Endgewicht	1482 Tonnen

Längsschnitt des 2500-BRT-Schiffes mit einem 3-MW-Wagner-Rotor und einer Hydrier-Anlage für 720 Nm³ H_2 pro Stunde und einem Monatsspeicher für H_2 (flüssig)

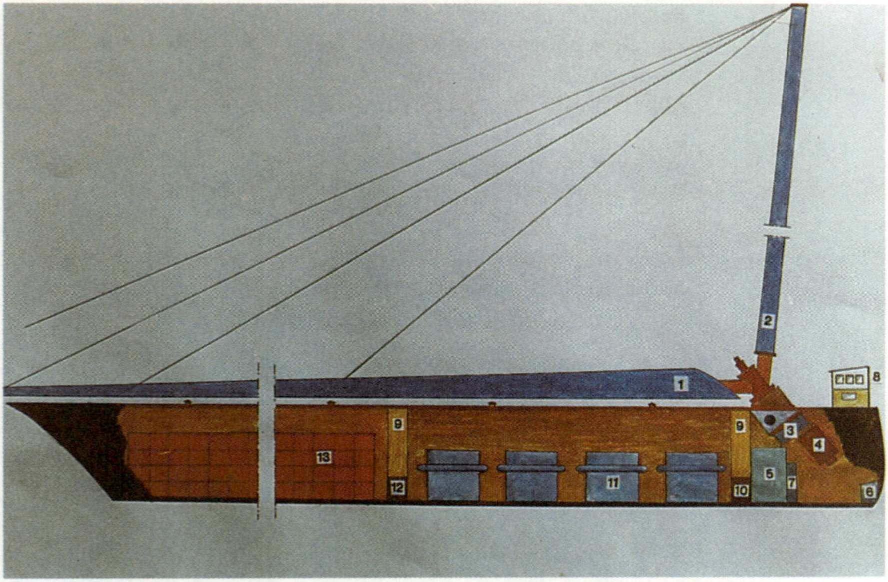

1 Flügel, Länge 55 m
2 Pylon
3 Getriebe 1:15
4 3-MW-Generator
5 Umformer
6 Notstrom-Anlage
7 6-kV-Schaltanlage
8 Werkstätte, Unterkunft
9 abgeschottete Zwischengänge
10 Batterieraum
11 Elektrolyseure für 720 Nm³ H_2
12 Verflüssigungsanlage
13 Speicher für 600 m³ H_2 (flüssig)

Die Tonnage des Schiffes von 2500 BRT ist somit etwa zu 60 Prozent ausgelastet, was der statischen Lage des Schiffes sehr zugute kommt. Als Schiffskörper wird wohl nur ein Schiff aus zweiter Hand in Frage kommen, von denen viele vor den Häfen vor Anker liegen und zu einem Preis von 30 bis 40 Prozent des Neuwertes zu haben sind.
Eventuelle Bedenken, daß der quer zur Schiffsachse arbeitende Wagner-Schiffsrotor das Schiff zum Schaukeln oder Krängen bringen könnte, haben sich bei der Testanlage nicht bestätigt. Dazu sind die Rollperioden des Schiffes und die Umdrehungszeiten des Rotors zu verschieden. Dieser Rotor kann als die günstigste Verbindung von Windenergie-Konvertern und einem Schiff angesehen werden. Allen Konstruktionen, mit Ausnahme des Flügels und der Nabe, liegen auf oder unter der Wasserlinie.
Der Rotor selbst mit einer Länge von 55 Meter gehört heute zu ganz normalen Konstruktions-Aufträgen in mehreren Ländern, die auch in der Bundesrepublik hergestellt werden. Durch die Abstützung des Flügels mit einem Pylon gleitet die Herstellung des Flügels in den Normalbereich mittlerer Werkstätten.
Die Durchschnittsgröße des Projektes läßt eine Abschätzung der Kosten ohne Risiko zu.
Der Preis für das 3-MW-Projekt mit Wasserstoff-Erzeugung und einen Monatsspeicher von 600 m^3 H_2 (flüssig) ergibt sich aus der nachstehenden Aufstellung:

Wagner-Rotor mit Nabe	8,0 Mill. DM
Getriebe + Generator	1,7 Mill. DM
Hydrieranlage	4,0 Mill. DM
Verflüssiger	1,0 Mill. DM
Flüssigspeicher	1,8 Mill. DM
Schaltanlage	0,6 Mill. DM
Sonstiges	1,5 Mill. DM
Einrichtungen	2,0 Mill. DM
2500-BRT-Secondhand-Schiff	11,0 Mill. DM
Gesamtmaterialkosten	31,6 Mill. DM

Von dieser Summe gehen zu Lasten der Stromerzeugung etwa 40% und 60% zu Lasten der Wasserstofftechnologie.
Die Schiffe der Off shore-Windparks sind nur mit wenigen

Maschinisten bemannt, die den Betrieb warten und überwachen. Durch die Wasserstoff-Abholschiffe besteht eine laufende Verbindung zum Festland, nahezu fahrplanmäßig, die auch für den Schichtwechsel des Personals sorgt.
Die Off shore-Schiffe selbst bedürfen keiner Antriebsanlage. Sie werden von Hochseeschleppern vor Ort gebracht und dort verankert, so daß sich die Schiffe selbstätig in den Wind stellen können. Viele der heute arbeitslosen Matrosen und Maschinisten werden auf See wieder eine sichere Arbeit finden und wöchentlich heimkehren können.
Das Projekt hat zum Ziel, einen Windpark in der Deutschen Bucht darzustellen, dessen Summenleistung bei der unteren Grenze der Wirtschaftlichkeit liegt, um als Pilotprojekt Vorläufer für größere Einheiten zu dienen. Als Abstände der Rotorschiffe sei das Vierfache bis Fünffache der Flügellänge als Norm genommen, in unserem Fall ein Abstand von Schiff zu Schiff von mindestens 250 Meter, wenn die Verankerung eine so kurze Strecke zuläßt.
Es ist ein Irrtum, wenn wir glauben, daß solche Off shore-Parks noch in weiter Ferne liegen. Sie werden heute schon in vielen Ländern geplant. Nichts spricht gegen sie. Die Ölbohrinseln sind ein viel größeres Wagnis. Sie sind technische Hochleistungen. Eintausendundeinhundertdreißig Bohrinseln und -plattformen auf den Meeren holen bereits ein Viertel des Weltölbedarfs von knapp drei Milliarden Tonnen Öl aus Tiefen bis zu 100 Meter herauf. Es ist ein Ausverkauf ohnesgleichen.
Wenn wir in 15 bis 20 Jahren nicht auf dem Trocknen sitzen wollen, ist es allerhöchste Zeit, mit der Wasserstoff-Erzeugung so schnell wie möglich zu beginnen, denn ein Aufbau von gewaltigen Energiemengen bedarf großer Anstrengungen und vieler Jahre. Wollen wir in 20 Jahren – und das ist schon sehr hautnah – ohne Kraftfahrzeuge auskommen? Oder wollen wir es wagen, unsere Atmosphäre zu zerstören? Eine Legislatur-Periode dauert nur vier Jahre und weiter denkt kaum ein Politiker. Doch das Volk muß weiterdenken, an seine Kinder und Enkel.
Nach den amtlichen Zahlen lagern unter Wasser noch rund 90 Milliarden Tonnen Erdöl, die bei dem derzeitigen Verbrauch in 28 Jahren zu Ende gehen. Das macht sich aber schon 10 bis

Entwurf des 50-MW-Offshore-Projektes mit H_2-Speicher

15 Jahre vorher bemerkbar. Im Nahen Osten, von dem die BRD vorwiegend abhängig ist, geht das Öl schon in 15 Jahren zu Ende. Und wir tun immer noch nichts; denn die Kernkraft will das Erbe zur Machtvollkommenheit übernehmen, auch wenn das Uran nur für wenige Jahrzehnte ausreicht. Wir haben schon recht bald nur noch die unerschöpflichen Energien, mit denen ja auch Geld verdient werden kann. Schon die Sonnenenergie und die Großkraft Wind allein sind in der Lage, zu verhindern, daß wir in das energetische Nichts abstürzen. Was wir in zwanzig Jahren brauchen, müssen wir heute aufbauen. Jede Energie, aber auch jede, braucht Zeit zur Schaffung spürbarer Energiemengen.

Das gilt für die Kernkraft genauso wie für den Wind. Die Logik ist irreführend, daß der heutige Energiebedarf mit der schwachen Windenergie nicht befriedigt werden kann; denn zu Beginn des 20. Jahrhunderts leistete eine Windmühle im Mittel gerade 3 kW. Mit den neuen WEK ist es das Hundertfache bei gleichen Kosten.

7.3 Windenergie in der Schiffahrt

Fünftausend Jahre lang war die Windenergie die einzige Energie, die den Menschen bei der Seefahrt zur Verfügung stand. Auch heute noch ist die Anzahl der Segelschiffe größer als die Summe aller Motorschiffe, wenn auch nicht tonnagemäßig.
Mit der Größe der Segelschiffe in den vergangenen fünf Jahrhunderten wuchs die Takelung mächtig an. Sie erreichte im 18. Jahrhundert 5000 Quadratmeter Segelfläche mit einer Besatzung von fast einhundert Mann, die bei Segelmanövern in luftiger Höhe barfuß in der Takelage aufgereiht arbeiteten.
Die Geschwindigkeiten von Frachtschiffen liegen auch heute nicht höher als 16 Kn. Außerdem fahren die meisten Schiffe zur Ersparnis von Kraftstoff nur noch mit halber Kraft. Auch die Lohnkosten so vieler Matrosen sind nicht mehr zu bezahlen. Das scheint gegen die Wiedereinführung der Segel-Schiffahrt zu sprechen. Doch die Ölpreise und die Sorge darüber, wie lange mit dem Erdöl noch zu rechnen ist,

Der dreimastige Tee-Klipper Cutty Sark mit 921 BRT, 1860, Höchstgeschwindigkeit 16 Knoten (30 km/h)

lassen zunehmend die Gedanken an eine neue Segelschifffahrt wieder aufkommen.
Ausgerüstet mit Computer und hydraulischer Steuerung ging man in den letzten fünf Jahren daran, den Wirkungsgrad von Segeln, der bestenfalls bei 20 Prozent liegt, durch aerodynamisch geformte Kunststoffsegel zu ersetzen. Nur für Flautenzeiten und Manöver im Hafen werden Hilfsdiesel-Motoren bereitgestellt. Die Bedienung der Segel wird hydraulisch vorgenommen.
Auf diese Weise spart der 700-Tonnen-Segler Shin Aitoku Maru Japans jährlich 800000 Mark an Ölkosten ein. Aber dieses Segelkonzept mit starren oder einziehbaren Segeln kommt für größere Frachter wohl kaum in Frage, auch wenn das deutsche Projekt des „Dyna-Schiffes von Prölss" einen ähnlichen Weg beschreiten will. Selbst wenn es machbar ist, dann wird man an dem Flettner-Rotor nicht vorbeikommen. Sogar die Japaner wollen nun in diese Richtung gehen. Man erinnert sich wieder des Flettner-Systems und der beiden Schiffe, die Anton Flettner in den zwanziger Jahren baute und betrieb. Es war die Buckau (Baden-Baden) mit zwei Rotoren von 15,6 m Höhe und einem Durchmesser von 2,8 Metern. Das Schiff hatte 900 BRT, erreichte eine Geschwindigkeit von 10 Knoten und wurde jahrelang auf der Ost- und Nordsee, sowie auf dem Atlantik und in den USA erprobt. Die nautische und vor allem die wirtschaftliche Überlegenheit des Flettner-Schiffes waren überzeugend. Ab 1926 fuhr die von Flettner erbaute „BARBARA" als Linienschiff im Mittelmeer mit Erfolg. Sie hatte eine Tonnage von 3000 BRT. Der größte Vorzug solcher Rotoren ist, daß seine „Segelfläche" nur den achten Teil eines Stoffsegels bei gleicher Leistung beträgt. Man ist damit in der Segelfläche kaum noch begrenzt. Auch ein Hunderttausend-BRT-Schiff kann mit den Rotoren betrieben werden, bedient von einem einzigen Mann. Mit diesem „Rotor-Segel-System" kann in wenigen Jahrzehnten die gesamte Frachter-Flotte auf Windkraft umgestellt werden. Der Wind wird zweifellos im 21. Jahrhundert den Antrieb der Großschiffahrt übernehmen. 150 Millionen Tonnen Dieselöl, die die Schiffahrt jährlich verbraucht, müssen in den nächsten 30 Jahren durch Windkraft ersetzt werden. Dazu ist sie bestens geeig-

net, ohne spürbare Folgen oder Einschränkungen. Über die auf See seltenen Flauten wird ein Notdiesel hinweghelfen. Auch das Meerwasser wird sich wieder erholen.
Der Weg für eine moderne Großschiffahrt mit Windantrieb ist frei.
In den letzten Jahren befaßte sich der französische Professor Lucien Malavard noch einmal mit dem Magnus-Effekt, auf dem der Flettner-Rotor aufgebaut ist. Der Effekt beruht darauf, daß ein sich im Wind drehender Tubus eine Querkraft erzeugt, die davon herrührt, weil durch Grenzschichteinwirkungen am sich drehenden Tubus Druckunterschiede zu beiden Seiten auftreten. Malavard sagte sich mit Recht, daß Druckunterschiede auch an einem stillstehenden Tubus auftreten müßten, wenn auf einer Längsseite die Luft nach innen abgesaugt würde.
Der Kapitän und Forscher Jacques Yves Cousteau, der ursprünglich für seine Zwecke ein Flettner-Schiff bauen wollte, mißtraute zu Unrecht der Möglichkeit, absolut rundlaufende, große Rotoren bauen zu können und wandte sich

Cousteau-Turbosegler Alcyone mit 76 BRT, 1986

der Idee von Malavard zu. Er ließ einen Tubus mit seitlichen Schlitzen und innen eingebauten Ventilatoren bauen und auf seinem neuen Schiff „Alcyone“ mit 76 BRT installieren. Der Cousteau-Malavard-Zylinder erhielt einen leicht elliptischen Querschnitt mit einer Höhe von 10,2 Metern und einem Durchmesser von 1,35 Metern.
Die Alcyone erreichte bei der Testfahrt eine Geschwindigkeit von 12 Knoten.
Inzwischen hat die Alcyone auf einer Weltreise die volle Bestätigung erhalten. Sie verhielt sich wie ein Flettner-Rotor, ist jedoch einfacher zu bauen. Mit dem Flettner- und dem Malavard-Rotor ist wohl die Zeit des modernen aerodynamischen Segels wieder beendet. Es war nicht der richtige Weg. Dem Flettner-System, ob rotierend oder statisch, wird die Zukunft gehören. Mit ihr zu beginnen eilt es mehr, als wir glauben. Die Großkraft Wind kann heute schon auf See das Erdöl zu achtzig Prozent ersetzen.

8 Windkraft + Wasserstoff

Das Gespann „W + W“ ist eine ideale Lösung fast für jede Art von Energienutzung. Sie ist absolut sauber und in jeder Menge und für alle Zeiten vorhanden. Es gibt kaum einen Lebensbereich, der nicht von Wasserstoff abgedeckt werden kann und wird heute generell anerkannt. Wir müssen damit tatkräftig und sofort beginnen. Bis zum Jahr 2020, wo die Erdöl-Epoche endgültig zu Ende ist, haben wir alle Hände voll zu tun, die Wasserstoff-Technologie rechtzeitig aufzubauen. Die Öl- und Uran-Perioden endigen fast zu gleicher Zeit. Energiekriege zeichnen sich am Horizont ab. Schon aus viel nichtigeren Gründen wurden Kriege geführt.

Die vorrangige Förderung des W + W-Systems gehört heute zu den dringendsten Aufgaben der Regierungen. Wir können den Anschluß noch schaffen, wenn nicht vor jede Entscheidung ein Jahrzehnt der Forschung gesetzt wird, ohne die kaum noch eine Regierung Entschlüsse wagt.

Es gibt wenige Gebiete, die Chemie ausgenommen, auf denen die fossilen Stoffe nicht durch Wasserstoff ersetzt werden können, ob im Verkehr, bei der Heizung, im Haushalt oder Industrie und Stromversorgung. Für alle Sektoren sind die Technologien hochentwickelt und vorhanden, ja sogar erprobt. Auch die großen Mengen von Wasserstoff für den Stickstoffdünger müssen nicht mehr über fossile Energien erzeugt werden.

Ebenso kann die Kochgas-Versorgung der Haushalte längst auf Wasserstoff umgestellt werden. Die chemischen Werke Hüls versorgen seit 45 Jahren ein großes Gebiet mit Wasserstoff mit 875 km Rohrleitungen ohne Beanstandungen und den gleichen Installationen wie beim Stadtgas, ja sogar im Mischbetrieb mit anderen Gasen.

Nicht anders verhält es sich im Kraftfahrzeug-Verkehr, wo der Wasserstoffantrieb von mehreren Firmen, wie Daimler-Benz und BMW seit 14 Jahren im Testverkehr auf unseren Straßen fahren. Der Kfz-Verkehr mit Wasserstoff wäre um ein Vielfaches wirksamer als der Katalysator, dem eine Schlüsselstellung eingeräumt wird, die er nicht hat. Nur der

Wasserstoff macht uns frei von schädlichen Stoffen. Er hinterläßt bei der Verbrennung nur reines Wasser, wenn sauber hydriert wird.
Selbst der Flugverkehr könnte schon seit acht Jahren mit Wasserstoff statt mit Kerosin abgewickelt werden. Die Lockheed-California Company hatte 1979 ihr baureifes Projekt eines LH_2-Düsen-Jets vom Typ L 1011 Tristar vorgelegt. Durch den leichteren Wasserstoff sank das Startgewicht um volle 169 Tonnen. Die Reichweite betrug 6600 km. Die Wirtschaftlichkeit verbesserte sich um fünf Prozent. Nicht zuletzt wird auch der Alptraum der Fluggäste gemindert, bei Flugunfällen zu verbrennen, da der Wasserstoff eine geringere Entflammbarkeit, eine niedrigere Verbrennungstemperatur und eine größere Flüchtigkeit als Kerosin besitzt.
Wenn man bedenkt, daß Fachleute von Energie-Bankrott sprechen, dann ist es unverständlich, daß man amtlicherseits die schnell auf uns zukommende energetische Erschöpfung verdrängt.
Nur der Wasserstoff, und nur dieser, kann uns retten. Und dieser Wasserstoff darf ausschließlich nur mit Hilfe von den natürlichen Energien erzeugt werden, weil wir mit den fossilen Stoffen die Erde bereits an den Rand der Lebensfähigkeit gebracht haben. Ist da die Radikalisierung der „Straße“ nicht verständlich?
Niemand soll uns vormachen, daß die natürlichen Energien wie Wasserkraft, Sonne und Windkraft nicht ausreichen. Vor allem die Wind- und Sonnenenergie sind unerschöpflich. Die zu nutzen ist die Aufgabe des Geistes.
So aussichtslos sind die von uns geforderten Anstrengungen gar nicht. Sehen wir uns die Energiebilanz genau an. In den nächsten zehn Jahren nehmen die fossilen Energien und das Uran sichtbar nur wenig ab. Wenn wir diese 10 Jahre nutzen, die natürlichen Energien zu einer Wasserstoffbasis aufzubauen, dann haben wir den Anschluß an den Schwund der bisherigen Energien erreicht und die Techniken für den zunehmenden Ersatz der fossilen und nuklearen Stoffe als Hochtechnik in der Hand, denn mit Ausnahme von Kohle müssen wir alle Energien in den nächsten drei Jahrzehnten durch Wasserstoff ersetzen.

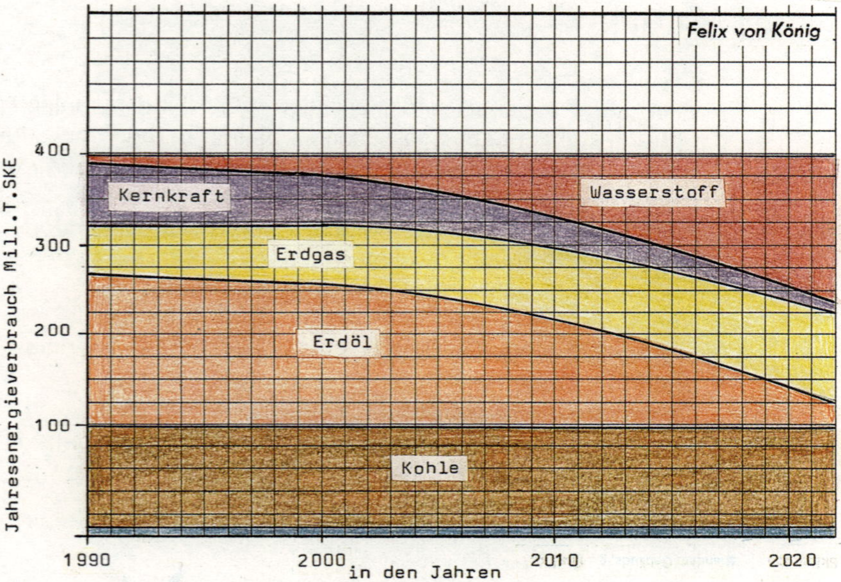

Energiebilanz ab 1990 für die Bundesrepublik Deutschland. Der rote Sektor „Wasserstoff“ muß fast ausschließlich mit der Sonnenenergie und der Großkraft Wind erzeugt werden, das liegt im absolut realen Bereich.

Dank

An dieser Stelle sei den Herstellern von Windkraftanlagen für die zur Verfügung gestellten Farbbilder und der Industrie für die spezielle Beratung gedankt. Es sind die Firmen der Bundesrepublik Deutschland, die Windräder bauen:
aerodyn Energiesysteme, Redderbek 1, 2333 Damendorf
Hermann Brümmer, Mühlenstraße 1–8, 3522 Karlshafen 2
Burbacher Stahl- und Waggonbau, Brüderstraße 24, 6600 Saarbrücken 5
Dornier System GmbH, Postfach 1360, 7990 Friedrichshafen 1
Enercon GmbH, Raiffeisenstraße 6, 2960 Aurich 1
Köster Maschinenfabrik, 2240 Heide/Holstein
MAN TECHNOLOGIE GmbH, Postfach 500620, 8000 München 50
MBB Energie- u. Prozeßtechnik, Postfach 801109, 8000 München 80
Renk Tacke GmbH, Postfach 1069, 4440 Rheine
Voith Getriebe KG, Postfach 1920, 7920 Heidenheim
Dr. Wagner GmbH, Listlandstraße 7, 2282 List/Sylt
Windkraft-Zentrale, 2341 Brodersby/Kappeln
Zeppelin Metallwerke GmbH, Postfach 2540, 7990 Friedrichshafen 1.
Auch die ausländischen Firmen seien bedankt:
Alpha real, Aeritalia-Grumman und Riva Calzoni in Italien,
Bouma, polenko, Fokker und Stork-FDO in Holland,
Windmaster in Belgien,
Bonus, Micon, Vestas, Windmatik, Dansk Vindteknik und Nordtank in Dänemark.
Für die spezielle Beratung sei den Firmen gedankt:
AEG/Kanis für Generatorfragen, ebenso der Firma Siemens, den Firmen Messer/Griesheim und Mannesmann-Röhren in der H_2-Technik,
der Firma Voith für Getriebefragen.
Auch die Firma BBC/Mannheim und mehrere Schiffswerften haben wertvolle Auskünfte zur Verfügung gestellt. Sie alle haben mit ihren Angaben den Autor in die Lage versetzt, das Buch in jeder Hinsicht authentisch gestalten zu können.

Literatur

Ackeret J., Das Rotorschiff, Göttingen 1925
Allen, Aerodynamik, Reich-Verlag 1970
Bach, Gefahr für unser Klima, C. F. Müller Verlag 1982
Betz A., Windenergie Vandenhoek & Ruprecht-Verlag 1926
Bibliografie wind energy, Univ. Eindhofen/NL 1975, 2 Bände
BMFT, Energiequellen für morgen, Umschau Verlag 1978
BMFT, Statusreport Windenergie, 1978
Bockrist/Justi, Wasserstoff, Pfriemer Verlag 1980
Bölkow L., Entscheidungen f. d. kurzfristige Energiepolitik, 1982
Catalogue of windmachines, Arb.Gruppe techn. Forschung, Enschede 1984
Deutscher Wetterdienst, Bericht 147, 1978
Fachinformationszentrum/Datenbank Karlsruhe/Bonn
GKSS-Forschungszentrum Geesthacht, Daten Pellworm, 1981
Gerwin, So ist das mit der Kernenergie, Econ Verlag 1976
Gesellschaft f. Reaktorsicherheit GRS, Bericht S 40 über Unfall Tschernobyl, Selbstverlag 1987
Gruhl, Ein Planet wird geplündert, Fischer Verlag 1981
Jarass L., Strom aus Wind, Springer Verlag 1981
Jarass L., Windenergie, Springer Verlag 1981
Kernforschungsanlage Jülich, Jahresbericht 1976/77
v. König F., Windenergie, 3. Aufl. Bauverlag 1981
v. König F., Wie man Windräder baut, 6. Aufl. Bauverlag 1984
v. König F., Das praktische Windenergie-Lexikon, C. F. Müller Verlag 1982
Molly J. P., Windenergie in Theorie und Praxis, C. F. Müller Verlag 1978
Nijhof P., Molenbibliografie, de Walburg Pers-Verlag/NL 1981
Simmons D. M., Wind Power, New Jersey/USA 1975
Techn. Überwachungsverein, Priv. Nutzung der Windenergie, TÜV 1982

VDEW-Bericht: Die öffentliche Elektrizitätsversorgung 1986
Webers Kern-Energie-Lexikon, Olynthus Verlag 1986
Windkraft Journal, Jahrgänge 1983 bis 1986, Verlag Natürliche Energie
Prospekte und Unterlagen der Hersteller von Windkraftanlagen

Stichwortverzeichnis

Weitere Bücher des Autors sind:

Bau von Wasserkraftanlagen, Beschreibung und Unterlagen für die Erstellung von Wasserkraftanlagen aller Größen mit praxisbezogenen Hilfsmitteln, 250 Seiten, 220 Abbildungen, C. F. Müller Verlag

Das praktische Windenergie Lexikon, 1700 Stichwörter mit Erklärungen, 140 Seiten, 148 Abbildungen, C. F. Müller Verlag

Bau und Betrieb von Biogasanlagen, Errichtung und Selbstbau von Biogasanlagen für jede Hofgröße mit vielen Beispielen, 114 Seiten, 50 Abbildungen, Bauverlag

Energiealternativen, Beschreibung von acht Alternativen, Nutzungsmöglichkeiten und Selbstbau, 160 Seiten, 58 Abbildungen, Ravensburger Verlag, z. Z. vergriffen

Windenergie in praktischer Nutzung, Geschichte und Beschreibung von Windkraftanlagen vom Altertum bis heute, 240 Seiten, 146 Abbildungen, Bauverlag

Wie man Windräder baut, erfolgreichstes Buch zum Bau von fünf Windradtypen bis zu 8 m Durchmesser, 200 Seiten, 68 Abbildungen, Bauverlag

Windkraft vom Flettner-Rotor, Geschichte, Verwendung und Bauanleitung, 160 Seiten, 58 Abbildungen, Bauverlag

Die Erben des Prometheus; Kulturgeschichte der Muskelkraftmaschinen, 210 Seiten, 218 Abbildungen, Umschau Verlag

UMWELT + TECHNIK

WINDENERGIE

BADEN WÜRTTEMBERG

Wer durch Schwaben reist, der sollte nie vergessen, auch
ein wenig in den Schwarzwald hineinzuschauen;
nicht der Bäume wegen, obgleich man nicht überall solch
unermeßliche Menge herrlich aufgeschossener Tannen findet,
sondern wegen der Leute, die sich von den andern
Menschen ringsumher merkwürdig unterscheiden ... Nicht
nur durch Haltung und Wuchs, auch durch ihre Sitten
und Trachten sondern sie sich von den Leuten, die außerhalb
des Waldes wohnen, streng ab. Am schönsten
kleiden sich die Bewohner des badenschen Schwarzwaldes.

Wilhelm Hauff, um 1820

BADEN WÜRTTEMBERG

Fotografie
Josef Bieker · Ulrike Romeis
Text Felix Huby
Karlheinz Fuchs

Bucher

Inhalt

Seite 1: Kirnbacher Tracht mit Bollenhut und Schäppelkrone.
Seite 2/3: Heidelberg – Blick auf das Schloß und die Stadt.
Links: Juradurchbruch der Donau unweit von Kloster Beuron.

Herrliche Parkanlagen umgeben Schloß Favorite im Rastatter Stadtteil Niederbühl-Förch. Markgräfin Sybilla Augusta ließ sich das barocke Lustschloß ab 1710 von Michael Ludwig Rohrer erbauen. Heute beherbergt es wertvolle Glas- und Porzellansammlungen.

Vorangegangene Doppelseite: Auf einer Landzunge an der Mündung der Tauber in den Main erhebt sich über der Stadt Wertheim diese hübsche Burg aus dem 12. Jahrhundert. Der Charme und die beschauliche Ruhe der lieblichen Landschaft lassen sich gut bei einer kleinen Bootspartie genießen.

Felix Huby

Glück in einer ungeliebten Ehe

Badener und Württemberger, das sind zwei Paar Stiefel, obwohl sie vor 1700 Jahren einmal eins waren. Aber wie das so ist, wenn man so lange aufeinander angewiesen ist, obwohl man sich doch auseinanderentwickelt hat – die Badener sagen heute: «Es gibt Badische und Unsymbadische» und meinen mit den letzteren die Schwaben. Und schon im vorigen Jahrhundert schilderte man in Württemberg einen heruntergekommenen Schwaben folgendermaßen: «Z'erscht hat er bei der Fußartillerie dient, dann isch'r Sozialdemokrat worde. Schließlich hot er katholisch g'heiratet. Ond am End isch'r em badische Ausland gschtorbe.»

Dabei kommen Schwaben und große Teile der Badener eigentlich beide aus dem kargen Brandenburg. Im dritten Jahrhundert nach Christus verließen die Sueven, ein Stamm der Semnonen, die Märkische Heide und zogen nach Süden, um sich in dem früher von Kelten bewohnten römischen Siedlungsgebiet an Neckar und Donau, in den Vogesen und in den nördlichen Alpen niederzulassen. Die Badener stammen, soweit sie Alemannen sind, ebenfalls von den Sueven ab; denn erst nach der zweiten Lautverschiebung entstand da eine Trennung. «Zwei Barrieren konnte die Lautverschiebung nicht überwinden», berichtet Thaddäus Troll, «geographisch den Schwarzwald und den Bodensee, geistig die Grenze des reformatorischen Einflußgebiets Zwinglis.» Und so entstand die Trennung. Jenseits von Schwarzwald und Bodensee nannten sich die Bewohner nach wie vor Alemannen, während sich diesseits nach und nach der Name Schwaben einbürgerte. Alemannisch ist nichts anderes als eine ältere Form des Schwäbischen.

Also sind Badener und Württemberger Vettern, wenn nicht gar Brüder? So stimmt es auch wieder nicht, denn Baden hat in seiner wechselvollen Geschichte immer wieder neue Grenzen und damit den Zuwachs ganzer Volksstämme erhalten. Durch den Reichsdeputationshauptschluß von 1803 wurde die Markgrafschaft Baden um rechtsrheinische Teile der Pfalz und die Bistümer Konstanz, Basel, Straßburg und Speyer zum Kurfürstentum Baden erweitert. Zwei Jahre später kamen durch den Frieden von Preßburg (1805) die vorderösterreichischen Landschaften Ortenau und Breisgau hinzu.

Bei der zweiten großen Völkerwanderung kamen nach 1945 in Baden wie auch in Württemberg Schlesier, Pommern, Ost- und Westpreußen dazu, später Italiener, Türken, Spanier, Portugiesen, Jugoslawen. Jetzt sind es Aussiedler aus dem Osten und Asylsuchende aus aller Welt. Erst neulich sagte ein Taxifahrer zu mir: «Wie sollen wir Schwaben das alles verkraften, wir haben alles schön aufgebaut, und jetzt kommen die!» Befragt, woher er denn stamme, sagte er: «Aus Ankara.»

Ich erinnere mich gut an die Zeit nach dem Ende des Zweiten Weltkriegs, als der Flüchtlingsstrom das Ländle erreichte. Nur knurrend rückten die Einheimischen zusammen. Nie werde ich den kurzen Dialog vergessen: «Der Teltschik ist g'storben», sagte unser Nachbar zu meinem Vater. «Gehst zur Beerdigung?!» fragte mein Vater zurück. «Moinscht der geht zu meinera?» Mein Vater lachte ein wenig über den Witz. «Wie alt ist er den worde?» fragte er dann. «72», antwortete der Nachbar. Und mein Vater: «A schöns Alter … – für en Flüchtling!»

Dennoch: Wer tüchtig war, sich einpaßte, schaffte wie einer von hier und auch sonst nicht auffiel, wurde in Württemberg und Baden schneller integriert als anderswo. Schon 1949 wurde ein Flüchtling Kassenwart des Gesangvereins in meinem Heimatdorf. Vielen

fiel es freilich schwer, sich einzufügen. Und in Schwaben gilt vielleicht mehr als anderswo: «Wehe, wenn du nicht dazugehörst.» Es dauerte einige Zeit, bis unsere neue Nachbarin aus Ostpreußen begriffen hatte, daß es normale Kopfkissen auf dem Bett gab und wunderschöne Paradekissen, die man zum Lüften und Sonnen auf die Fensterbank legte. Auch mit der Kehrwoche hatte sie so ihre Probleme. Ob es nicht ihre Sache sei, wann und wie sie vor der Haustür kehre, fragte sie. «Sie könnet mache, was Sie wollet», antwortete meine Mutter und fügte nach kurzer Pause hinzu: «Solang mr's net sieht!»

Zurückhaltung gegen das Fremde, ja. Ablehnung zeigte damals nur eine verschwindende Minderheit. Der deutsche Südwesten ist traditionell liberal. Als im November 1918 die Revolution auch die Stadt Stuttgart erreichte, trat der populäre König Wilhelm I. ohne viel Aufhebens zurück. Davor hatte er den Aufständischen erlaubt, sein Schloß vom Keller bis zum Dachboden zu durchsuchen, nachdem das Gerücht aufgekommen war, er habe trotz des allgemeinen Hungers Lebensmittel gehortet. Die Delegation der Aufständischen fand nichts. Der König hatte sich strikt an die Hungerrationen gehalten. Seiner Wache hatte Wilhelm streng verboten zu schießen, als die Revoluzzer das Schloß stürmen wollten. Schließlich verlangten die nur noch, daß eine rote Fahne auf dem Dach des Schlosses gehißt würde. Das Kabinett lehnte dies in einem eigens herbeigeführten Beschluß ab, auch der sozialdemokratische Minister Lindemann. Die Aufständischen zwangen danach einen Kammerdiener, die Fahne aufs Dach zu bringen. Sie wehte aber

Links oben: Weithin sichtbar überragt die Pfarrkirche Sankt Peter und Paul den kleinen Ort Steinhausen bei Bad Schussenried.

Links unten: Seeansicht von Hemmenhofen auf der Bodenseehalbinsel Höri.

Mitte: Der herbstliche Schwarzwald – hier das Obere Münstertal am westlichen Ausläufer des Belchen.

Rechts oben: Die von Vulkanruinen geprägte Landschaft des Hegau am Südrand des Schwarzwalds.

Rechts unten: Bootssteg am kleinen, zunehmend von Verlandung bedrohten Federsee bei Bad Buchau.

nur wenige Tage dort und wurde vom Soldatenrat wieder eingezogen. Am 30. November 1918 ließ der König öffentlich verlauten, er wolle «kein Hindernis für die freie Entwicklung des Landes sein», und retirierte freiwillig nach Bebenhausen.

Nach ihm regierte der Sozialdemokrat Wilhelm Blos an der Spitze einer provisorischen Regierung. Dieser Politiker sorgte in kurzer Zeit für eine Normalisierung der Verhältnisse. In Stuttgart erzählte man sich, die einzige Veränderung, die die Revolution in Württemberg gebracht habe, sei, daß der neue Herr «Wilhelm Blos» heiße, während sein Vorgänger «bloß Wilhelm» geheißen habe.

Auch nebenan in Baden regierten populäre Herrscher. Friedrich I. (1856–1907) und sein Sohn Friedrich II. (1907–1918) hatten sich vor allem durch eine fortschrittliche Kulturpolitik hervorgetan. 1854 gründete der Vater die Kunstakademie in Karlsruhe. Die Polytechnische Schule wandelte er in eine Technische Hochschule um. Die Universitäten in Freiburg und Heidelberg baute er zielbewußt aus. 1893 gründete er das erste deutsche Mädchengymnasium zu Karlsruhe. 1900 führte er das Frauenstudium ein. Deshalb erhielt auch Baden – und nicht etwa Württemberg, wie die Schwaben stur, aber falsch behaupten – den Beinamen «Musterländle». Auch Großherzog Friedrich II. trat 1918, nach elfjähriger Regierung, zurück und machte einer Staatsregierung mit einem Präsidenten an der Spitze Platz. 1919 brachten die Kommunisten im Reichstag den Antrag ein, aus den ehemaligen Monarchien Baden und Württemberg einen gemeinsamen Verwaltungs-

Das barocke Schloß Freudenthal auf dem Bodanrück, dem Waldgebirge zwischen Gnaden- und Überlinger See, ein guter Ausgangspunkt zur Erkundung dieser reizvollen Gegend.

Der «Blautopf», die Quelle der Blau in Blaubeuren, eine der größten Karstquellen Deutschlands, gespeist aus einem weitverzweigten Höhlensystem der Mittleren Alb. Sie gilt als die schönste aller Albquellen.

bezirk Südwest zu machen. Hüben wie drüben hat man das damals als ungeheure Zumutung empfunden und nicht nur deshalb, weil der Vorschlag von den Kommunisten kam.

Eine Feindschaft gab es zwischen den Nachbarn aus Baden und Schwaben eigentlich nie, man konnte sich gegenseitig nur nicht leiden. Empfanden sich die Schwaben als selbstbewußt, nannten die Badener ihre Nachbarn hochmütig und eingebildet. Glaubten die Badener, sie seien lebensfroh und den schönen Dingen des Lebens zugetan, nannten die Schwaben sie leichtlebig und unsolide.

Als Schwabe muß man die badischen Freunde immer mal wieder um Nachsicht bitten, weiß man doch oft selbst nicht, wie man mit sich auskommen soll. Dieser verquere (auf schwäbisch sagt man «überzwerche» dazu) Stamm macht es niemandem leicht. Nehmen wir als Zeugen Johannes Poethen, lange Jahre Vorsitzender des Baden-Württembergischen Schriftstellerverbandes, der vom Niederrhein stammt und seit Jahrzehnten in Stuttgart lebt, und lassen wir ihn sagen, wie er die Schwaben empfindet, nämlich als «tüftelnd, abwägend, bedächtig, querköpfig, selbstzweiflerisch bis zur Selbstquälerei, englisch untertreibend, noch im Ästhetischen das Praktische suchend, überhaupt kein Hang zum dolce far niente, zu opulenten Festen, selbst die Musen, hier haben auch sie einen Hang zum durch und durch Soliden». An anderer Stelle bemüht Poethen die steilen Stuttgarter Staffeln, über 400 davon führen vom Talkessel hinauf auf die Höhen, um einen wesentlichen schwäbischen Charakterzug, der sich aus dem Pietismus entwickelt hat, zu beschreiben: «Der Blick fliegt. Die Füße müssen laufen. Mühsam. Aber voll Verdienst, gleichsam gottgewollt. Oft sind sie schmal, meist steil, nicht selten überwachsen. So zwingen sie dich, Schritt um Schritt empor, langsam, aber stetig. Ausblick gewähren sie selten von unterwegs, der Blick bleibe gesenkt, Gelegenheit zur Muße gibt es kaum, es mahnt und drängt: Streng dich an, der oben wird's dir lohnen.» Die Stäffele, Ursymbole des Pietismus und ein schönes Bild für die schwäbischen Charakterzüge: Gottesfurcht und Geschäftssinn, Bibeltreue und Sparzwang, Gott und Geld. «Gott schafft, also schaffet mir au! Literatur, Kunst, Musik – wenn es denn sein muß, wenn es fromm klingt und ausschaut und nicht ablenkt, wenn es bildet, wenn man was nach Hause tragen kann. Sonst ist es Teufelswerk», sagt Johannes Poethen. Es ist schon so: Bei den Schwaben liegen Wolkenschau und Brettlesbohre ziemlich dicht beieinander.

Ganz anders der Badener. Er gilt als lebhaft, phantasievoll, genußfreudig und gastfreundlich. Während der Schwabe sagt: «Lieber a Laus im Kraut als gar koi Fleisch», sagt der Badener: «Die Leut' mag ich, bei dene man vor lauter Fleisch des Kraut net sieht!» Den Spitznamen «Gelbfüßler» haben die Badener wohl von einem Schwaben verpaßt bekommen. Die Legende erzählt, die Badener hätten sich einst vorgenommen, dem durchs Land reisenden Kaiser einen Korb Eier zu schenken. Aber weil so viele zu diesem Geschenk hatten beitragen wollen, seien viel mehr Eier zusammengekommen, als in den kleinen Korb gepaßt hätten. Deshalb hätten sie die Eier mit den Füßen in den Korb hineingestampft, um mehr Platz zu schaffen. Dafür hat vielleicht ein Badener die Geschichte von den «Sieben Schwaben» erfunden, die einst zum Bodensee zogen, um ein vermeintliches Ungeheuer zu jagen, das sich schließlich als Hase entpuppte.

In beiden Landesteilen, in Schwaben wie in Baden, erzählt man, der liebe Gott habe ganz zum Schluß seiner gestalterischen Arbeit an der Erde den Südwesten Deutschlands geschaffen. Er soll sich umgeguckt und erschrocken konstatiert haben, daß da zwischen Donau und Main noch ein weißer Fleck war. Aber da er von allem noch was übrig hatte, bastelte er aus den Resten eine wahres Musterländle. Für Schwaben hat es der Schriftsteller Thaddäus Troll genauer erzählt: «Ständig bereit, sich auf ein besonders intimes Verhältnis mit dem lieben Gott zu berufen, unterschiebt er (der Schwabe) diesem auch eine Art Sonderanfertigung seines Ländle ... Im Süden ein Versucherle Hochgebirge aufgetürmt, die weitfahrende Donau als anmutiges Jungfräulein entspringen lassen; den Neckar in den Letten gegraben, ihn mit lieblichen Nebenflüssen versehen, die Ufer mit Weinbergen garniert ...; den dunklen und kühlen Schwarzwald aufgebaut und einen Teil davon in seiner übertriebenen Allgüte an die Badener verschenkt, dafür aber den Schwaben die rauhe Alb mit ihren Höhlen, Schafweiden, Felsen und markierten Wanderwegen zur Organisation dem schwäbischen Albverein überlassen; den Schwäbischen Wald nur für landschaftliche Feinschmecker geschaffen; das graziöse Hohenlohe wie Perlen vor die Franken geworfen; das Ländle mit Burgen, Kirchen und Schlössern übersät, da ein wenig Humus, dort eine Freie Reichsstadt, da ein wenig Wald, dort ein paar Äckerle eingestreut und das ganze recht bucklig gemacht, damit sich die Industrie verkriechen könne und das ganze Landschaftsbild nicht versaue ... Und den Horizont hat er eng gemacht, damit sich der Einsasse entweder damit begnüge ... oder durch die Enge der Heimat die Neugier auf die Welt geweckt werde.»

Tatsächlich gibt es im deutschen Südwesten, sei es nun in Württemberg oder in Baden, zwei gegensätzliche Typen: Die Weltläufigen und die Verhockten. Nebst den Sachsen findet man keine deutschen Volksstämme so oft in der Welt wie die Badener und die Württemberger. Unvergessen die wohl berühmteste Anekdote über jenen schwäbischen Unternehmer, der von Geislingen an der Steige aus weltweit operiert. Er war wieder mal in Australien, um die dort schlecht laufenden Geschäfte mit seinen Werkzeugmaschinen anzuschieben. Er hatte auch Erfolg – ja, natürlich! Aber das Flugzeug war ihm vor der Nase weggeflogen. Und das am Freitagabend. Die nächste Maschine ging erst am Montag. «Und jetzt stellet Sie sich das vor», sagt der Geislinger, «da bin ich's ganze Wochenende in Sydney g'hockt und daheim hätt' ich meine Bäum' spritze müsse!»

Der Dichter Geibel aus Lübeck und sein schwäbischer Kollege Mörike fuhren in einer Kutsche von Cannstatt nach Stuttgart. Der Himmel war mit Wolkenlocken gemustert, die von der untergehenden Sonne bemalt wurden. Geibel ergriff Mörikes Arm und rief enthusiastisch: «Welch ein Schauspiel, lieber Mörike! Ist es nicht, als nähmen alle guten Geister wehmütig Abschied?» Mörike, über diesen Gefühlsausbruch fast erschrocken, erwiderte verlegen: «Des heißt mr bei uns Schäfle!» und zog seinen Arm zurück. Mörike hätte auch ein Badener sein können!

Zu den Hauptsehenswürdigkeiten von Schwäbisch Hall gehört die Kirche Sankt Michael am Markt, zu der eine Treppe mit 54 Stufen hinaufführt. An den romanischen Turm mit einem Portal von 1156 schließt sich das gotische, von 1427 bis 1456 erbaute Langhaus an. Auf der Treppe finden seit 1925 alljährlich berühmte Freilichtspiele statt.

Nächste Doppelseite: Durch die mächtigen Arkaden der Kaiserpfalz der Staufer in Bad Wimpfen am Berg hat man einen besonders schönen Blick auf den Neckar. Die paarweise stehenden Säulen mit ihren unterschiedlichen Formen, ein Meisterstück romanischer Steinmetzkunst, gehören zu den eindrucksvollsten Resten der Pfalz aus dem späten 12. Jahrhundert. Im Hintergrund der Ort Offenau.

Hoch über dem Bühlertal im Hohenloher Land liegt die Feste Vellberg. Innerhalb der mittelalterlichen Burgmauer mit ihren zahlreichen Bastionen, Toren und Türmen entstand im Lauf der Jahrhunderte ein kleiner Marktort, der sich mit seinen hübschen Fachwerkhäusern ein geschlossenes, altertümliches Stadtbild bewahrt hat.

Südlich von Schwäbisch Hall überragt das ehemalige Benediktinerkloster Groß-Comburg das Kochertal. An der Stelle einer Burg der Grafen von Rothenburg-Comburg ab 1079 erbaut, erlebte es seine höchste Blüte im 12. Jahrhundert, im 16. Jahrhundert war es ein Zentrum des Späthumanismus. Eine Ringmauer mit überdachtem Wehrgang und mehreren Türmen umgibt den Komplex.

Dem Deutschen Orden hat die Stadt Gundelsheim am Neckar Schloß Horneck zu verdanken. Die ältesten noch erhaltenen Teile des nach Heidelberg zweitgrößten Neckar-Schlosses stammen aus dem 15. Jahrhundert.

Nächste Doppelseite: Die barocken Gartenanlagen (1708–1725) von Schloß Weikersheim im Taubertal, einst Stammsitz der Fürsten von Hohenlohe. Das Schloß ist auch wegen seines großen, über zwei Stockwerke reichenden Rittersaals berühmt.

Blick vom Blauen Turm, der zu den Resten der Kaiserpfalz in Bad Wimpfen gehört, über die Doppelstadt am Neckar. Wimpfen am Berg ist seit dem 19. Jahrhundert ein vielbesuchter Luftkurort. Im Bild die 1234 erstmals erwähnte evangelische Stadtkirche.

Am Rand der Karlsruher Schloßanlage liegt der Botanische Garten mit seinen Gewächs- und Palmenhäusern. Das Torbogengebäude mit seinen beiden Rundtürmen wurde von 1853 bis 1857 vom badischen Baudirektor Heinrich Hübsch errichtet.

Ob allein oder zu zweit, im Schatten oder im Sonnenlicht: Bei schönem Wetter ist der Karlsruher Schloßgarten ein beliebtes Erholungsgelände. Im Mittelpunkt der von Markgraf Karl Wilhelm 1715 bis 1781 erbauten barocken Anlage steht der achteckige Schloßturm.

Nächste Doppelseite: Die türkische Moschee inmitten der berühmten Gartenanlagen des Schwetzinger Schlosses, die zwischen 1777 und 1795 entstanden sind. Ihr Baumeister Nicolas de Pigage ließ sich bei der Gestaltung von einem Gebäude im Park von Kew bei London inspirieren.

Der Marktplatz von Ladenburg mit der gotischen Sankt-Gallus-Kirche. Das über 2000 Jahre alte Städtchen geht auf eine keltische Siedlung zurück, später befand sich hier eine stattliche römische Militärstation. Die Kirche verdankt ihre Grundmauern einer römischen Marktbasilika aus dem 3. Jahrhundert n. Chr.

Der in den Jahren 1885 bis 1886 erbaute Wasserturm auf dem Friedrichsplatz in Mannheim, das Wahrzeichen der Stadt. Der 60 Meter hohe Bau mit einem Fassungsvermögen von 2000 Kubikmetern wird von Wasserbecken, Fontänen und eindrucksvollen Jugendstillaternen umgeben.

Die Kirche des Klosters Maulbronn mit der berühmten spätromanischen Vorhalle, dem Paradies (rechts). Das 1147 gegründete, mit all seinen Wirtschaftsgebäuden und Mauern vollständig erhaltene ehemalige Zisterzienserkloster gehört zu den großen Kulturdenkmälern des Landes. Seit 1504 ist es Sitz einer evangelischen Klosterschule, die vor Hermann Hesse etwa auch Johannes Kepler und Friedrich Hölderlin besucht hatten.

Das Bruchsaler Schloß (1722 bis 1760), dessen Bau auf Damian Hugo von Schönborn, den Fürstbischof von Speyer, zurückgeht. Seit 1728 war Balthasar Neumann der maßgebliche künstlerische Berater, der etwa das Treppenhaus im Corps de logis, dem Mittelpavillon im Zentrum der Anlage, (1731) erbaute.

Nächste Doppelseite: Die berühmte Alte Brücke in Heidelberg, benannt auch nach Karl Theodor, der sie 1788 erbauen ließ. Bis ins 19. Jahrhundert hinein war sie die einzige Furt über den Neckar.

Den Vellberger Marktplatz umrahmen schmucke, steilgiebelige Fachwerkhäuser, wie hier das Alte Amtshaus (16. Jahrhundert), heute das Rathaus der Stadt.

Karlheinz Fuchs

Eine Collage von besonderer Vielfalt

Baden-Württemberg ist ein Kunstprodukt aus Gewachsenem und Dazugekommenem, aus Kernen und Rändern, eine (politische) Gebietscollage aus Notwendigkeit und Hoffnung. Eine Nachkriegskonstruktion, nicht unbedingt so ingeniös wie viele Tüftlerprodukte, derer sich das Land rühmt, dafür aber robust. Sie hält seit über 40 Jahren zusammen, trotz der widerspenstigen Südbadener, die ihren letzten Trennungsversuch vor fast 25 Jahren unternommen haben. Rechtschaffenheit, Fleiß und Bodenständigkeit der Bewohner hier werden von den Regierenden gerühmt, die gern wie Makler Standortqualitäten, Erfolge sowie Rekorde hervorheben und immer wieder die herausragende Bedeutung dieses Bundeslands betonen – oft bis zum Überdruß.

Noch verfügt der Südweststaat, wie man ihn auch nennt, über viel respektable Kultur, zumal überkommene, touristisch wirksame. Hunderte von geschichtsträchtigen Orten wurden in den vergangenen 20 Jahren restauriert, Kirchen und Klöster neu fundiert, saniert und ausgemalt, Ausstellungsstätten nicht nur neu gegründet, sondern fast schon gesät. Kaum ein Städtchen mehr ohne sein historisches Museum. Auch die Landeshauptstadt Stuttgart hat sich nun eines einzurichten begonnen.

Auch über grandiose Natur verfügt das Land noch, nicht ganz so spektakulär geraten wie in Oberbayern; man steht deshalb auch erst an zweiter Stelle der bundesrepublikanischen Touristikliste. Diese Natur ist dort, wo sie am bekanntesten ist, auch am gefährdetsten – dem Waldsterben im südlichen Hochschwarzwald um Feldberg, Schauinsland, Belchen und Notschrei scheint auch das Tüftlerland nicht gewachsen, vor allem, weil dieser traurige Umstand wohl doch auf das Haupttüftlerprodukt hier zurückgeht, das Auto. Und so entwickelt der Schwarzwald unaufhaltsam seine Glatze, zwangsläufig.

Jenseits der Prospektansichten und hinter den großen Naturkulissen zeigt sich Baden-Württemberg weitgehend als Folge von Weichbildern, nicht anders als irgendwo sonst im industriereichen Westeuropa; zum Verwechseln beliebig. Was es freilich unverwechselbar macht, sind seine verschiedenartigen Mundarten, vom kehligen Bauerndialekt bis zum arrogant verschliffenen Großstadtjargon. Aber auch die Landschaft, vom fast alpinen Feldbergmassiv bis zur weiten Flußniederung am Oberrhein, vom dramatisch felsenreichen Donaudurchbruch im Jura bis zum wetterwendischen Bodensee hat so verschiedenartige Ausprägungen wie sonst kein Bundesland mehr.

All das ist zusammengepackt in einem kompakten Viereck mit kleinen Abschweifungen an den Rändern. Keine sehr originelle Form, aber charakteristisch für diesen Wirtschafts-, Kultur- und Tourismusraum. Und mitten drin, wie der Punkt für den Kreis drum herum, so zentral wie in keinem noch so zentralistisch regierten Land Europas, die Landeshauptstadt Stuttgart. Als die sich aber vor Zeiten den Slogan «Partner der Welt» zulegte, war die Heiterkeit allgemein und die Grenze der Bedeutsamkeit abgesteckt für einen Ort, der viel an sich zieht, von dem aber wenig ausgeht, besonders wenig davon, was das Land in seiner Verschiedenartigkeit ausmacht.

Die «Metropole», hier ist sie nicht die Summe des Landes, sondern eine solid arbeitende Verwaltungsmaschine, nicht der Höhepunkt, sondern eben nur der geographische Mittelpunkt einer durch die Volksabstimmung am 9. Dezember 1951 zusammengekommenen Summe der durch die Besatzung entstandenen drei politischen Einheiten Baden, Württemberg-Hohenzollern und Württemberg-Baden.

Bis heute ist es dabei geblieben, daß man sich von Stuttgart nicht «vereinnahmen» läßt, weswegen an der Peripherie viel Eigenleben herrscht, zumal die wichtigen Städte an den großen Flüssen liegen, die das Land verlassen, oder doch gleich in der Nähe: Konstanz, Freiburg, Karlsruhe, Heidelberg, Mannheim, Ulm.

Eine Collage entsteht

Wie man allerdings Pfälzer, Franken, Badener, Schwaben und Alemannen wenigstens symbolisch unter einen Hut bekommt, demonstriert das wahrhaft feinsinnig ausgetüftelte Landeswappen: Das Hauptstück inmitten, die Stauferlöwen als Reminiszenz an das Gründergeschlecht oder zumindest das einmal dominierende Herrscherhaus im Südwesten. 1079 war das «Herzogtum Schwaben» nach labilen Vorformen staufisch geworden und es bis 1268 geblieben. Bemühungen der Habsburger, dies territoriale Filetstück als Grundlage ihrer Hausmacht jenseits von Hochrhein und Bodensee zu gewinnen, scheiterten an den partikularistischen Interessen Württembergs, bereits damals die «imperiale» Macht im Südwesten.

Gehalten ist jenes Schild in den Landesfarben schwarz und gelb, eigentlich den Farben Württembergs. Aber dadurch, daß die schwarzen Stauferlöwen listig ihre roten Zungen herausstrecken, entsteht bei näherer Betrachtung doch auch ein gelb-roter, mithin ein badischer Effekt. In der Schildkrone nun steht links (heraldisch rechts) der rotweiße Rechen für die ehedem fränkischen Gebiete im Nordosten. Der viergeteilte preußische Schwarz-Weiß-Schild daneben repräsentiert die Fürstentümer Hohenzollern-Hechingen und Hohenzollern-Sigmaringen, seit 1850 die «Hohenzollernschen Lande» und als solche bis 1945 der preußische Regierungsbezirk Sigmaringen. Leicht erhaben dann die gleichgroßen Wappen des badischen Großherzogtums, der Schild mit dem roten Diagonalbalken und sonst überwiegendem Gelb, was den Badenern vermutlich auch den Namen «Gelbfüßler» eingetragen hat, und der Schild des württembergischen Königreichs mit seinen übereinander angeordneten schwarzen Hirschhörnern auf gelbem Grund. Die württembergischen Herrscher waren immer große Jäger, und ihre Jagdgeschichten füllen Bände. Auf der Schildkrone erscheint weiter ein «rotbezungter» Löwe als Nachweis für die ehedem kurpfälzischen Gebiete und schließlich der rot-weiß-rote Balkenschild Habsburgs für Vorderösterreich, einst Dominante an Bodensee, Hochrhein und im Breisgau mit seiner edlen Hauptstadt Freiburg. Ein Hinweis auf die Reichsstädte, von denen es in Deutschland insgesamt 51 gab, davon allein 25 im Südwesten, steckt in den Löwen der Staufer, zusammen mit den Zähringern die eigentlichen Städtegründer hier.

Zu den Zeiten der napoleonischen Landverteilungen, zwischen 1802 und 1810, wurden die fränkischen, kurpfälzischen, österreichischen und reichsunmittelbaren Lande dann Baden und Württemberg zugeschlagen. Napoleon brauchte kräftige Verbündete, vor allem aber zahlreiche Soldaten. Für deren regelmäßige Aushebung waren rigoros vereinfachte Verwaltungen nötig. So wurden Fläche wie Einwohnerzahl Badens und Württembergs um ein Mehrfaches vergrößert. Aus Baden, eben noch eine überschaubare, duodezartige Markgrafschaft, wurde plötzlich ein den Hoch- und Oberrhein entlanggezogenes, monströses «L» im Großherzogtumsrang. Württemberg, seit dem 13. Jahrhundert darum bemüht, seinen Besitzstand zu mehren, hatte während eines halben Jahrtausends nicht so viel zu raffen bekommen wie jetzt, auf einmal, in diesen paar napoleonischen Jahren. Man wurde Königreich, wenn auch das kleinste in Europa, hatte dafür aber den dicksten König, bei dessen Tod im Jahr 1816 die Polizei alle Hände voll zu tun hatte, Freudenkundgebungen der Bevölkerung zu unterbinden.

Die Geschichtsanschauung auf dem Schild, den württembergischer Hirsch und badischer Greif auf dem Wappen aufrecht halten, könnte einen auf den Gedanken bringen, daß nicht so sehr der gerissene Remstäler Liberale Reinhold Maier 1952 als erster Ministerpräsident des neugeschaffenen Bundeslandes Baden-Württemberg der Landesstifter war, sondern eigentlich schon Napoleon. Maier mußte nur noch zusammenfügen, was er

Südwesteingang der Vogelherdhöhle im Lonetal bei Niederstotzingen-Stetten. In dieser bedeutenden eiszeitlichen Siedlungsstätte konnten zahlreiche, den gesamten Zeitraum zwischen der mittleren Altsteinzeit und der Jungsteinzeit umfassende Funde geborgen werden. Zu den bekanntesten gehören kleine, etwa fünf bis sieben Zentimeter hohe Elfenbeinplastiken von Mammuts, Bisons und Wildpferden.

Links oben: Aus einem keltischen Grabhügel des 6. Jahrhunderts v. Chr. stammt der sogenannte Krieger von Hirschlanden (Württembergisches Landesmuseum, Stuttgart).

Links unten: Das goldene «Regenbogenschüsselchen» aus dem 1. Jahrhundert v. Chr., hergestellt in den Münzprägestätten der Averner (Badisches Landesmuseum, Karlsruhe).

Rechts: Reste des römischen Limes aus dem 2. Jahrhundert n. Chr. im Freilichtmuseum Rainau im Ostalbkreis bezeugen die Ausdehnung und Macht des Imperium Romanum.

1952 wurden Südbaden, Württemberg-Hohenzollern und Württemberg-Baden zum Bundesland Baden-Württemberg vereinigt.

Links oben: Gebhard Müller, von 1948 bis 1952 Staatspräsident von Württemberg-Hohenzollern, 1953 bis 1958 Ministerpräsident des Landes Baden-Württemberg (Foto, um 1950).

Mitte oben: Leo Wohleb (1888 bis 1955). Als Staatspräsident von Südbaden setzte er sich engagiert für die Wiederherstellung der alten Länder ein (Foto von 1949).

Rechts oben: Theodor Heuss (1884 bis 1963), einer der namhaftesten Bundespräsidenten Deutschlands. 1945/46 war er Kultusminister von Württemberg-Baden (Foto, um 1950).

Rechts unten: Auf der Suche nach seinem Heimatland scheint hier, kurz vor dem Dreiländertreffen der ehemaligen Besatzungszonen, Reinhold Maier zu sein, der Ministerpräsident von Württemberg-Baden (Foto von 1948).

Links unten: Ein überzeugter Demokrat und Republikaner – Friedrich Hecker (1811 bis 1881). Als er das Frankfurter Vorparlament nicht für seine Ziele gewinnen konnte, rief er 1848 in Baden zum Aufstand auf.

Gesandte in Petersburg, Heinrich Karl Friedrich Levin Graf Wintzigerrode, Sohn des württembergischen Außenministers, beim Zaren in dieser Richtung zu sondieren, erfolglos, wie die Geschichte lehrt. Und haben sich nicht vor allem auch württembergische Truppen hervorgetan, als es galt, die badische Revolution von 1848/49 niederzuschlagen, deren einer Anführer übrigens der 1817 in Stuttgart geborene Freiheitsdichter Georg Herwegh war. Als Ende der siebziger Jahre ein gerade geschaffener Stuttgarter Literaturpreis nach ihm benannt werden sollte, stemmte sich die Rathaus-CDU mit Vehemenz dagegen. Merkwürdig, daß es dieser bürgerliche Revolutionär Herwegh mit seiner politisch aktivistischen baden-württembergischen Existenz nie zu einer baden-württembergischen Symbolfigur gebracht hat. Jedenfalls scheint bei den Badenern ein unterschwelliges Mißbehagen gleichbleibend vorhanden, selbst, wenn man sich der historischen Anlässe nicht mehr so ganz inne sein mag. Plötzlich hört man wieder das «Badnerlied», vor allem auf badischen Fußballplätzen, wenn der SC Freiburg oder der Karlsruher SC gegen den VfB Stuttgart spielen. «Das schönste Land in Deutschlands Gau'n, das ist der Badner Land ...» dröhnt es dann von den Rängen des kleinen Freiburger Dreisamstadions. Oder «In Karlsruh' ist die Residenz, in Mannheim die Fabrik ...» im Karlsruher Wildpark. Und auch in Oberschwaben, der Gegend zwischen Donau und Bodensee, westlich der Iller, einer vor Napoleon österreichisch dominierten Gegend, kann man noch immer gelegentlich den Satz hören, in Wien habe man seine Verwandten, in München seine Freunde und in Stuttgart seine Vorgesetzten.

Ein echter «Baden-Württemberger»: der Neckar

Mögen sich also die einzelnen Stämme mit dieser politischen Geographie Baden-Württembergs arrangiert haben, der «Baden-Württemberger» ist doch wohl eher ein landsmannschaftliches Phantom aus der Stuttgarter Staatskanzlei als ein real existierender Landsmann. Nur, einen «Baden-Württemberger» gibt es ganz gewiß, und jeder kennt ihn: Es ist der Neckar. In einem Hochmoor auf der Baar, jener herben Gäuplatte zwischen Schwarzwald und Schwäbischer Alb, hart an der Grenze zum ehedem österreichischen und nachher badischen Villingen, im württembergischen Schwenningen nahe der Eishockeyhalle, steckt der Ursprung für diesen fast alle Landes- und Landschaftsteile verbindenden oder wenigstens streifenden und fast sämtliche geologischen Formationen des Landes durchnagenden Fluß. Vielleicht ist der Neckar auch deshalb so typisch baden-württembergisch, weil er so dominante württembergische Züge hat. Er kommt aus kleinsten Verhältnissen, aber er rackert und trickst, zapft auch einmal andere an, erbt schließlich und fällt dann stolz angeschwollen im Badischen ein.

Nur zu Beginn muß man etwas um ihn fürchten. Denn von seinem Ursprungsmoor fließen auch Wasser zur nahebei entspringenden Donau ab; die sogenannte Riedbaar hier oben liegt auf der Europäischen Wasserscheide zwischen Nordsee und Schwarzem Meer. So bekommt der Neckar erst einmal sehr wenig mit. Aber als ein rechter Emporkömmling nimmt er es im richtigen Augenblick mit den Etablierten auf. Nach zehn Kilometern, bei der Dauchinger Mühle – der Neckar ist durch Industrieabwässer bereits gezeichnet –, muß er sich durch den unerbittlich harten Muschelkalk beißen, seinem beständigsten Begleiter und der Hauptfüllmasse des Dreiecks zwischen Schwarzwald und Alb. So ein junger Fluß und dies 200 Millionen Jahre alte Gestein! Von allein kann er's nicht schaffen. Da spürt er einen alten Donauzufluß auf, den er, so viel Kraft hat er schon, listig umdreht, um sich in dessen Bett erst einmal breitzumachen. Dann wird man weiterseh'n. Und als ihm der Muschelkalk schließlich zu mächtig wird, zapft er bei Rottweil wiederum einen ehemaligen Donauzufluß an, diesmal die dreimal so viel Wasser führende, vom Schwarzwald herstürzende Eschach. Nun ist er allerdings ein so heftiges Flüßchen, daß er bei Dettingen vor Horb den unter dem Muschelkalk liegenden Buntsandstein des Nordschwarzwaldrands anzugehen wagt. Gestärkt gelangt er bei Tübingen ins Innerwürttembergische, ins optisch und «gesteinlich» reichere Keuperbergland, wo er sich dann auch

Orte am Neckar. Links oben: Nürtingen mit der spätgotischen Stadtkirche Sankt Laurentius. – Links Mitte: Esslingen. Die Türme der Stadtkirche Sankt Dionys sind durch eine Brücke verbunden. – Links unten: Die Altstadt von Horb zu Füßen der mächtigen Heilig-Kreuz-Kirche und des Schurkenturms. – Mitte: Neckargemünd an der Mündung der Elsenz in den Neckar. – Rechts oben: Neckarsteinach mit seiner auch «Schwalbennest» genannten Burg Schadeck. – Rechts unten: Auf einem Hügel über der Stadt Tübingen liegt das Markgrafenschloß Hohentübingen.

ein wesentlich breiteres Bett leisten kann – vor allem, weil er jetzt den Lauf der vor Urzeiten einmal zur Donau entwässernden Lone beerbt. Also dreht er's wieder in seine Richtung, um schließlich, bei Plochingen schiffbar geworden, in die hochindustrialisierte Mitte des heute nach ihm benannten «Mittleren Neckarraums» einzudringen – als naturferne Schiffahrts- und Abwasserrinne allerdings. Bei ihrer Weltoffenheit und Fortschrittseuphorie hätten sich die Herren von der Neckarkanalgesellschaft das Ergebnis so öde sicher nicht vorstellen mögen. Einer ihrer Protagonisten, schon in den zwanziger Jahren, der aus dem neckarländischen Brackenheim stammende Theodor Heuss (1884–1963), entwirft in seiner Rede vom 31. März 1958 zur Eröffnung des Stuttgarter Neckarhafens ein Industrie-Idyll: «Die Romantik eines zärtlichen Genießers wird auch künftig am kanalisierten Neckar ihr Rückzugsplätzchen finden – bei Besigheim und Lauffen, bei Hirschhorn, in Neckarsteinach. Und die Melodie des alten Volkslieds (‹Alt Heidelberg Du Feine›) mag leicht darüber hinwegklingen. Hier, an dieser Stelle aber wird es eine andere Musik geben. Ich wage nicht, sie die Zukunftsmusik zu nennen ... Aber ich weiß, jetzt geht diese Musik los. Die Böller wollen knallen, die Ketten warten darauf, zu rasseln, die Kräne werden ächzen, die Sirenen werden heulen, nicht, um uns zu ängstigen, sondern um eben jene Zukunft zu signalisieren.» Heuss gibt damit das Grundmotiv baden-württembergischer Fortschrittsromantik und Landesaufteilung an: vor allem Industrie, dann etwas Weinbau, Erholung und Kultur. Analog dazu endet auch der Neckar, nachdem er es vor großer Kulisse in Heidelberg kurz zu Weltruhm gebracht hatte, wiederum als eingefaßte Kanalrinne in Mannheim.

Buntsandstein, Muschelkalk, Keuper, Lias und Flußschotter – bis auf das Urgestein hat es der Fluß mit sämtlichen Formationen der baden-württembergischen Geologie aufgenommen und dabei auch alle Dialektgebiete gestreift: Vom herb singenden Alemannisch des badischen Oberlands zum bäurischen Schwäbisch der Oberen Gäue, dem derben Älblerisch bei Nürtingen und dem «nasenweichen» Neckarschwäbisch, das er zwischen Plochingen und Lauffen durchstreift, wo es aber schon ins Fränkische übergeht und aus dem «aber» langsam ein «awwer» wird, bis der Neckar schließlich bei Mosbach ins Kurpfälzische und dort in eine längere romantische Phase gerät.

Endlich, mag man sich sagen, ist das Wort gefallen, auf das man schon lange wartet, denn «schwäbisch» ist doch wohl alles «da unten», Land, Sprache, «Geischd», oder?

Durch Küche, Rhein und Wein vereint

Es ist viel, viel komplizierter. So sind die Badener, also die Bewohner des großen, dem Rhein folgenden «L», allesamt keine Schwaben. Aber so richtige Badener sind sie auch nur in ihrer Mitte, um Karlsruhe und Baden-Baden. Und schon gar nicht sind sie «Badenser», eine Verballhornung, die alle mit guten Gründen von sich weisen. Es spricht ja auch kein Mensch von den «Württembergensern», etwa.

Die eigentlichen Badener leben im, nennen wir's «Markgrafenland», dem ehemals heftig umstrittenen Territorium der beiden vornapoleonischen Markgrafschaften Baden-Baden und Baden-Durlach, die sich bis zum Ende des 14. Jahrhunderts aus dem ursprünglich zähringischen Besitz in dieser Gegend herausgebildet hatten.

1384 erfolgte die Trennung in eine baden-durlachische und eine baden-badische Linie. Im Jahr 1556 wurde Baden-Durlach protestantisch, Baden-Baden blieb katholisch. Nun war die Trennung konfessionell besiegelt. Erst 1771 kamen die beiden Markgrafschaften unter Karl Friedrich schließlich wieder zusammen.

Karlsruhe, diese höchst originelle, fächerförmige Anlage vom Beginn des 18. Jahrhunderts, die ihre Strahlen vom Schloß aus in Stadt und Land zu schicken scheint, als Herrschaftssitz mitten in die Hardtwaldebene gesetzt, lag von nun an im Zentrum der badischen Erweiterungen. Eine «gemachte» Residenz, von dem genialen Klassizisten Friedrich Weinbrenner (1766–1826) zu Beginn des 19. Jahrhunderts mit architektonischen Impulsen versehen, die schon Münchner oder gar Berliner Format haben.

EDLE WEISSE, SELTENE ROTE

Weinbau in Baden und Württemberg

Ein Etikett mit dem Aufdruck «Baden-württembergischer Weißwein» oder «Baden-württembergischer Rotwein» wird es hoffentlich nie geben – beim Wein hält man auf Differenzierung. Immerhin ist Baden-Württemberg nach Rheinland-Pfalz das zweitgrößte Weinbaugebiet der Bundesrepublik. Fast 25 000 Hektar Rebfläche werden hier bebaut, davon etwa 15 000 in Baden und 9300 in Württemberg. Die württembergischen Anbauflächen teilen sich dabei je zur Hälfte in Rot- und Weißweinsorten, in Baden sind drei Viertel den weißen vorbehalten, auf einem Viertel wachsen rote Sorten. Zwischen «Badenern» und «Württembergern» verhält es sich wie folgt: Die badischen Weine sind kultivierter, vielfältiger, aufregender, was mit den geologischen und klimatischen Bedingungen in der Oberrheinebene als der wärmsten deutschen Gegend zusammenhängt. Hier liegen auch die wichtigsten Anbaugebiete Badens: Markgräfler Land, Kaiserstuhl, Tuniberg, Breisgau, Ortenau und Badische Bergstraße mit dem Kraichgau. Der Kaiserstuhl ist allerdings wegen der plantagenhaften Zurichtung in den siebziger Jahren sowie der raffinerieartigen Einlagerung des Endprodukts in der Breisgauer «Zentralkellerei Badischer Winzergenossenschaften» umstritten. Im Gegensatz zu dieser Großproduktion macht sich aber hier eine Tendenz zu gut ausgebauten, durchgegorenen Lageweinen bemerkbar, so daß man sich vom «Kaiserstühler» wie überhaupt vom oberrheinischen Wein noch viel erwarten kann. Bevorzugt werden in Baden die Weißen: Müller-Thurgau (36 %), Ruländer (11 %); Gutedel (9 %) und Riesling (8 % der Anbaufläche). Dazu gibt es am Kaiserstuhl und in der Ortenau einige kräftige Rotweine (Spätburgunder). Bekannte Weinorte: Auggen im Markgräfler Land, Achkarren, Bahlingen, Bickensohl, Bischoffingen, Burkheim, Endingen, Ihringen, Jechtingen, Oberbergen, Oberrottweil, Durbach, Kappelrodeck oder Oberkirch, das Weinland um Baden-Baden mit Fremersberg und Neuweier, der Kraichgau mit Weingarten und Bruchsal.

Robuster, wie das Land, ist in Württemberg auch der Wein. Bemerkenswert die verhältnismäßig große Menge des angebauten Roten. Auf nur 15 Prozent der deutschen Rebfläche wachsen Rotweinsorten; das größte Rotwein-Anbaugebiet aber besitzt Württemberg mit nahezu 5000 Hektar vor Baden und dem Ahrtal. Unter den württembergischen Roten sind Sorten, die man nur noch hierzulande vorfindet, insbesondere Trollinger (22 % des gesamten Anbaus) und Lemberger (6 %). Auch der Schwarzriesling (14 % der Gesamtanbaufläche) wird hier noch gepflegt. Kurzum, Trollinger, Lemberger und Schwarzriesling machen die Originalität der württembergischen Weinlandschaft aus. Unter den Weißen dominiert der Riesling. Ein weiterer typischer Württemberger ist der «Schiller», ein «Rotling» also rötlich schillernder Wein, aus blauen und weißen Trauben gewonnen. Württembergs bedeutendste Anbaugebiete sind Kocher, Jagst und Tauber im Hohenlohischen – Kenner schätzen die sauberen Weine dort –, das Unterland um Heilbronn sowie das Remstal und Stuttgart, vor allem der Stadtteil Bad Cannstatt.

Statistisch gelten die Württemberger als Deutschlands eifrigste Weintrinker. Auf einen Stuttgarter etwa kommen im Jahr 8,3 Liter Wein, das sind 33 «Viertele», hier aus dem typischen Henkel- oder Viertelesglas getrunken, besser «geschlotzt». Dazu gibt's, wenn man Glück hat, ofenfrische Laugenbrezeln. Sie erinnern an Zeiten, als im Württembergischen viele Bäkkereien noch Weinstuben unterhielten oder umgekehrt. Eine andere Spezialität um Stuttgart und Heilbronn sind die «Besen»: Private Weinstuben, die während des Jahres nur zwölf Wochen am Stück offen haben und wo der junge, gern unterschätzte Wein ausgeschenkt wird, meist in ausgeräumten Wohnstuben, in denen nicht mehr als 40 Leute Platz haben, so die Vorschrift. Zum Zeichen dafür wird ein Besen an die Tür gehängt. Es gibt etwa 200 solcher «Besen» in Württemberg, dessen wichtigster Exportartikel einmal, lange vor dem Auto, der Wein war.

Die sanft ansteigenden Weinhänge des Herrlesbergs bei Neckarwestheim. Diese Region gehört zu den wichtigsten Weinanbaugebieten Württembergs.

Sommerlicher «Dorfhock» auf einem Bauernhof in dem kleinen Ort Berg am Bodensee. Bei Bier, Kaffee und Kuchen geht es auf diesen einfachen Dorffesten ebenso beschaulich wie gesellig zu.

Weinbrenners Baustil war wesentlich von der französischen Revolutionsarchitektur beeinflußt, und ohne Zweifel hat Frankreich in dieser Gegend Schicksal gespielt, nicht zuletzt durch den «grausamen Lackel» Mélac, der als Brigadegeneral Ludwigs XIV. im Pfälzer Krieg zum Ende des 17. Jahrhunderts den Landstrich von Heidelberg bis Hirsau verwüstet und seine hohe Baukultur im Wortsinne ruiniert hat. Aber der Wiederaufbau gerade der zerstörten Residenzen geschah dann doch nach der neuesten französischen Mode – Rastatt, ein in die Rheinebene gesetztes Kunstprodukt für die zerstörte Residenz in Baden-Baden, ist das erste deutsche Barockschloß nach Versailler Manier. Man war eben nicht nur für Einfälle von Westen her offen, sondern auch für Einflüsse. Das scheint überhaupt das Entscheidende an dieser (nord)badischen Kultur, daß sie etwas Lateinisches, Romanisches, Südliches hat, daß sie weniger «deutsch» scheint als andere Kulturgegenden. Die verwöhnten Römer brachten den Wein an die Hänge über der Oberrheinebene. Unter den heißen Quellen am Baden-Badener Florentinerberg errichteten sie ihre riesigen Badanlagen und nannten die Stadt «Aquae Aureliae». Noch in Ansichten aus dem vergangenen Jahrhundert wirkt Baden-Badens Altstadt ausgesprochen «mittelmeerisch». Auch Karlsruhe mit seinen klassizistischen, auf römische und athenische Vorbilder verweisenden Bauwerken des architektonischen Landesgestalters Friedrich Weinbrenner hat etwas von diesem mediterranen Charakter. Sogar der Himmel über dem Markgrafenland sei anders, behaupten Beobachter, flacher gespannt, silbriger, näher, und man kann sich dabei sogar auf das Wort eines habsburgischen Kaisers berufen, für den auch feststand, daß hinter Karlsruhe gewissermaßen Italien beginne.

Soviel zum Charakter des badischen Kernlands um Karlsruhe und Baden-Baden, dem gelb-roten «Markgrafenland». Gleich unterhalb von Baden-Baden, südöstlich der Oos, erstreckt sich, bis hin zu Hochrhein, Bodensee und Oberschwaben «das Alemannische», das für ungeübte Ohren oft einfach nur schweizerisch klingt. Mitte der siebziger Jahre kam es zu einer Wiederentdeckung vor allem der völkerverbindenden Möglichkeiten

Links: Nachschub an Spargel beim Opfinger Spargelfest. Ob mit Sauce hollandaise oder nur mit Butter angerichtet, der frische Spargel ist immer eine begehrte Delikatesse.

Rechts: Backfrischer Zwiebelkuchen, eine herzhafte Spezialität, die besonders gern zum Federweißen verzehrt wird. Hier in Tuniberg am Kaiserstuhl.

dieses Dialekts, als im Alemannen-Dreieck zwischen Wyhl am Kaiserstuhl, dem elsässischen Marckolsheim und dem schweizerischen Kaiseraugst eine gegen den Neubau von Atomkraft- und Bleiwerken gerichtete mächtige Protestwelle entstand. Die Umweltbewegung in Deutschland hat insofern einen unverkennbar alemannischen Akzent. Und es gehört zur Größe und Originalität der bald 900 Jahre alten Alemannenhochburg Freiburg, daß sie eine solche Bewegung annimmt und kommunalpolitisch auch umsetzt – die Bewältigung des städtischen Nahverkehrs durch öffentliche Verkehrsmittel in Freiburg gilt seit zehn Jahren als beispielhaft. Oft ist von «typisch süddeutscher Toleranz» die Rede – hier, in dieser ehedem vorderösterreichischen Metropole, architektonisch von der Romanik bis zur Gründerzeit und dann leider besonders in der Betonzeit gewachsen, meint man von allen Städten im Südwesten Toleranz noch am ehesten zu spüren.

Es heißt, der Wein, der den Freiburgern fast bis in ihre Weinstuben am Münsterplatz wächst, stifte eine solche Versöhnlichkeit. Und er ist es auch, der die Kernbadener mit den alemannischen Südbadenern verbindet; Wein gilt ja als Anstifter zum guten Geschmack, also vor allem zur feinen Küche. Diese «grenzüberschreitende» oberrheinische Kochkunst, vornehmlich im Bannkreis des Schwarzwalds zwischen Karlsruhe und Freiburg beheimatet, wird stereotyp auf französische Einflüsse zurückgeführt, was sich allerdings auch so verstehen läßt, daß man sich vor seinen zahlreichen französischen Gästen nicht blamieren will. Dabei läuft man mittlerweile sogar Gefahr, die Küche zu überfeinern. Bleibt zu hoffen, daß vor lauter Hummer und Jakobsmuscheln so urbadische Spezialitäten wie Kutteln, Herz, Nieren und «Leberli» oder auch Fasan auf Birnensauerkraut nicht gänzlich von der Speisekarte verdrängt werden.

«Ausgezeichnet» ist die Küche hier im Wortsinn. Selbst strengste Restaurantführer übersäen die südliche Oberrheingegend mit Sternen; sie verfügt aber auch über «Rohstoffe» edelster Art. Spargel wächst in der Ebene. Karpfen, Hechte, Zander, Rotaugen und Schleie hat zumindest einmal der Rhein geliefert. Forellen kommen aus den klaren

Die Weine vom Kaiserstuhl verdanken ihren guten Ruf einer besonderen Lößschicht in den unteren Höhenlagen. Bereits im Jahr 769 n. Chr. wurde der auf die Römer zurückgehende Kaiserstühler Weinbau urkundlich erwähnt.

Oben: Die Weinlese in den dichtstehenden Rebenzeilen wird von Hand ausgeführt.

Unten links: In den traditionellen «Traubenhotten» wird die Ernte zum Sammelfahrzeug gebracht.

Unten rechts: Mit der Mostwaage bestimmt der Winzer die Dichte des Traubenmosts. Mit diesem von dem Goldschmied Ferdinand Öchsle (1774 bis 1852) erfundenen Gerät lassen sich der Zucker- und Alkoholgehalt des zukünftigen Weines bestimmen.

Schwarzwaldbächen, Rotwild tummelt sich im Bergwald. In den sumpfigen Auwäldern suhlen sich Wildsäue. Fasane, Reb- und Perlhühner scharren und flattern im Ried. Dazu war die Oberrheinebene immer auch gastronomisches Durchgangsland: Aus dem Elsaß kamen Freunde und Verwandte mit den neuesten französischen Rezepten, aus der Schweiz und Italien hinterließen Kaufleute und Händler Kochkenntnisse.

Küche und Wein vereinen das Land, insofern es am Schwarzwald liegt, mehr als der Dialekt es trennt. Freilich, – bei aller Wertschätzung für das solid behäbige Karlsruherisch oder «Kernbadisch», das der unmusikalisch vereinfachende Sprachatlas eben der rheinfränkischen «Großfamilie» zurechnet, womit es also mit dem Pfälzischen und Hessischen eng verwandt wäre – der Vorrang gebührt dem Alemannischen. Denn es wird geadelt durch einen großen Dichter, der, die Ironie will es so, viele seiner Geschichten und Gedichte ausgerechnet in Karlsruhe schreiben mußte, wohin das Berufsschicksal ihn, den evangelischen Prälaten, verwiesen hatte, krank oft vor Heimweh nach dem Wiesental und innerlich frierend in der klassizistisch kühlen Karlsruher Residenz: Johann Peter Hebel (1760–1826). Zwischen Oos und Bodensee und natürlich auch um den Hochschwarzwald herum mit seinen «internationalen» Skipisten und überfüllten Parkplätzen und sogar bis weit nach Vorarlberg hinein spricht man das «Niederalemannisch» Hebels, den die alemannische Dialektbewegung wiederentdeckt hat als einen, der nicht nur dem Volk aufs Maul, sondern auch den Herrschenden auf die Finger gesehen hat. Hebel, so der französische, aus Straßburg stammende Germanist Robert Minder, habe das Grundbuch jener Region geschrieben, mit einer Sprache, in der Dialekt dichterisch geworden sei. Sein «Schwarzwälder im Breisgau», klingt er nicht schon wie gemeißelt? «... Z'Fryberg in der Stadt/ sufer isch's und glatt;/ riche Here, Geld und Guet,/ Jumpfere wie Milch und Bluet,/ z'Fryberg in der Stadt./ Won i gang und stand/ wär's e lieblich Land ...» (Fryberg: Freiburg, sufer: sauber, rich: reich, Jumpfere: junge Frauen).

Und klingt er nicht auch lieblich, dieser i-reiche Dialekt, silbrig auch und wie von weit her, aus den Zeiten der Minnesänger? Sprachwissenschaftlich erklärt es sich leicht, das Alemannische hat die Lautverschiebung vom langen «i» zum «ei» nicht mitgemacht – aber was ist damit schon gesagt?

Zum markgräflichen und zum alemannischen gehört auch noch das außerhalb des Schwarzwald-Bannkreises gelegene kurpfälzische Baden, die Gegend um Heidelberg, Mannheim und Weinheim, derber in Dialekt und Küche, eine protestantisch, ja calvinistisch geprägte Gegend. Boris Becker, «der Leimener», redet etwa ein ausgeprägtes Kurpfälzisch. Und der Dialektunterschied zum Oggersheimerisch Helmut Kohls von der anderen Uferseite fällt höchstens noch Anrainern auf.

Auch schon im Kurpfälzischen wird der «Saumagen» als Delikatesse betrachtet und gern mit einem vorher kurz in Schmalz gewendeten Sauerkraut aufgetragen. Vielleicht ist es der mangelnde oder gar abgewehrte französische Einfluß, der diese Küche so demonstrativ deftig macht. Doch nahe bei Heidelberg wellen sich die Schwetzinger Spargelfelder, und nicht mehr weit ist auch der badische Kraichgau mit seinen fruchtigen Weißweinen. Und daß der herzoglich württembergische Militärarzt Friedrich Schiller 1782 in Mannheim seine «Räuber» aufführen konnte, nicht aber in Stuttgart, daß er vielmehr hier Zuflucht fand vor den, so Thomas Mann, «tyrannischen Befuchtelungen» seines überväterlichen Herzogs und Erziehers Karl Eugen, man hört's noch heute nicht gern in Stuttgart, vollends, da auch das heutige Mannheim in vielem großstädtischere, urbanere Züge angenommen hat als die Landeshauptstadt. Gerade von Mannheim aus – wie vom nahen Heidelberg – erhebt sich die Frage nach der territorialpolitischen Logik dieses Südweststaats, etwa, ob es nicht sinnvoller gewesen wäre, Mannheim und die ehemalige rechtsrheinische Kurpfalz mit der linksrheinischen Pfalz zusammenzubringen.

Wie auch immer. Das historisch heterogene Gebilde, das sich rechts von Bodensee, Hoch- und Oberrhein zur Neckarmündung bei Mannheim erstreckt, und, bis Karlsruhe zumindest, viel Lebensart von seinen französischen Nachbarn übernommen hat, heißt offiziell Baden, der Rest des Landes aber Württemberg.

Vom Rotenberg nach Württemberg

Dort drüben, im Osten, leben «die Schwoowa», wie es im Badischen heißt, und das klingt manchmal schon fast wie «die Hunnen». Zwar gibt es noch keine ausgesprochen badischen Schwabenwitze, aber einen Spruch wie «die Schwoowa läbed bloß von Abfäll» (die Schwaben leben nur von Abfällen) kann man etwa in Karlsruhe heute noch hören. Und immer wieder begegnet dem Schwaben in Baden auch die Geschichte vom württembergischen Vater, der sein frisch geborenes Söhnchen mit dem Gesicht in Richtung Baden hält, um ihm dabei zu sagen, «guck Bub, dort drüben mußt du einmal dein Geld verdienen». Zwar ist es mittlerweile längst umgekehrt mit dem Geldverdienen, aber man trifft noch oft genug auf diese badische Distanz zum Württemberger, diesem «Neureichen», der sich seine industrielle Überlegenheit mit dem Verzicht auf Lebensart erkauft hat.

Die Hauptfigur aus dem Schwarzwaldmärchen «Das kalte Herz» des Stuttgarter Dichters Wilhelm Hauff (1802–1827), der Holländermichel, veräußert für materiellen Reichtum und Wohlstand sogar sein Herz und wird von klugen Interpreten auch als Prototyp des «kaltherzig»-geschäftstüchtigen Württembergers gedeutet.

Wer aber ist dieser Württemberger? Meist wird Württemberg ja mit «dem Schwäbischen» oder «Schwaben» schlechthin einfach gleichgesetzt. In Wahrheit ist es jedoch nur ein Teil davon, wenngleich der größte, bekannteste, eigenartigste. Aber auch die Bayern haben ihr(e) Schwaben. Nach Stuttgart ist die andere große schwäbische Stadt Augsburg – wobei die bayerischen Schwaben bei den Württembergern als Bayern und den Bayern wiederum als Württemberger gelten.

Mag die Landsmannschaftlichkeit auch oszillieren – eines wird sowohl den württembergischen als auch den bayerischen Schwaben seit eh und je nachgesagt: Geizig seien sie, ja sogar habsüchtig und sie tauchten in hellen Scharen besonders gern dort auf, «wo's nix koschded». Manche Beobachtung bestätigt vielleicht dies herbe Vorurteil.

Ähnlich wie Baden wurde auch Württemberg um seinen Kern herum reichlich ergänzt – das Landeswappen gibt davon ja Kunde. Da ist einmal das Fränkische, jenes Land nordöstlich von Heilbronn, «Hohenlohe» genannt, wenig industrialisiert, «strukturschwach», das heißt auch wenig verbaut, wenig zerstört. Eine Gegend zum Aufatmen, gerühmt wegen ihrer sauberen Weine und der vielen erhaltengebliebenen Ortsbilder, den «eigentlichen», den schwäbischen Württembergern aber fremd wegen des Dialekts, der, etwa in der Nähe von Crailsheim, in manchen Ohren schon fast thüringisch klingt. An der südöstlichen Peripherie liegt Oberschwaben, auch so ein napoleonzeitlicher Zugewinn, und auch dort spricht man nach den strengen philologischen Grenzziehungen im Sprachatlas gegen alle überlieferte Volksmeinung kein Schwäbisch mehr. Das hat selbst den «oberschwäbischen» Dialektdichter Michael Spohn, als er sich dessen gewahr wurde, so erstaunt, daß er einem 1981 erschienenen Gedichtband folgende kleine Dialektkunde vorausschickte: «Ganz richtig müßte es auf der Titelseite übrigens ‹Schwäbische und niederalemannische Gedichte› heißen, denn ich weiß erst seit ein paar Monaten, daß ich in meiner Kindheit nicht oberschwäbisch, sondern niederalemannisch geschwätzt habe und daß es durchaus neben einem schwäbischen und fränkischen auch ein alemannisches Württemberg gibt. Die Schwaben wollten das nie wahrhaben, und die Altbadener streiten es ab. Die haben ihr Alemannentum eh zum Patent angemeldet.»

Bleibt also für «das Schwäbische» nur noch das Landesinnere übrig. Man faßt es in einem Zirkelbogen von kaum 40 Kilometern um Stuttgart. Hier haben wir es endlich, das eigentliche Württemberg, ungefähr das Gebiet des ehemaligen Herzogtums, auch «Altwürttemberg» genannt oder, von Connaisseuren, «Kernland». Der Name Württemberg rührt von der 1083 vollendeten Stammburg eines Konrad auf dem «Wirtemberg» her, einem rebenreichen Schurwaldausläufer oberhalb des Neckars und nahe dem Stuttgarter Weinvorort Rotenberg. Die Stuttgarter nennen den «Württemberg» deshalb auch noch immer «Rotenberg». Übertrüge man diese Lesart, könnte das Land auch «Baden-Rotenberg» heißen. Eine vielleicht nicht untypische Geschichte nebenbei: Bis 1819 stan-

Fortsetzung Seite 67

Reicher Blumen- und Pflanzenschmuck betont den gediegenen Charme der alten Fachwerkbauten mit ihren liebevoll restaurierten Fassaden: In der Engelsgasse in Gengenbach an der Kinzig, einer ehemaligen Freien Reichsstadt, deren gesamter Kern heute unter Denkmalschutz steht.

Nächste Doppelseite: Im 1964 eröffneten Freilichtmuseum Vogtsbauernhof in Gutach lassen sich die verschiedenen Bauernhaustypen des Schwarzwalds mit ihren Wohn- und Wirtschaftsgebäuden kennenlernen. Im Bild ein Hof aus dem Jahr 1570 mit mächtigem Walmdach und separater Scheune (links).

Zu den Hauptfiguren der schwäbisch-alemannischen Fasnacht gehört der «Narro», der Narr mit Holzmaske und Häs, dem weißen Kostüm mit Pflanzen- und Tiermustern; er ist mit einem Schellenband und bunten Tüchern ausstaffiert.

Links: Der Narro-Brunnen in Villingen.

Rechts: Beim Narrensprung am Fasnachtsdienstag in Oberndorf.

Fast dämonisch-bedrohlich muten die Elzacher «Schuddig» mit ihren gewaltigen Masken an, die zwischen «Schmotzige Donschtig» und Aschermittwoch in den Gassen der kleinen Gemeinde an der Elz ihr Unwesen treiben; die Karnevalsumtriebe in Elz gehören zu den urtümlichsten Bräuchen der alemannischen Fasnacht.

Alljährlich zur Fasnacht werden in Bad Säckingen die Straßen der Altstadt liebevoll mit bunten Wimpeln und Luftballons geschmückt. Im Bild das Fridolinsmünster, eine ursprünglich gotische Basilika aus dem 14. Jahrhundert, die nach einem Brand zwischen 1681 und 1698 im Barockstil erneuert wurde.

Nächste Doppelseite: Prachtvoller Mittelpunkt des kleinen Schlosses Favorite bei Rastatt. Der durchgängig mit Marmor, Stuck oder Kachelverkleidung gestaltete Kuppelsaal beeindruckt durch eine eigenwillige Harmonie der Formen und Farben.

Blick vom Schloßberg auf die Innenstadt von Freiburg im Breisgau: Zu den Wahrzeichen der Stadt zählt das um 1230 errichtete Schwabentor, ein Relikt der einstigen Stadtbefestigung aus der Zeit, als Freiburg noch den Grafen Urach gehörte. Rechts im Bild der Turm des Münsters.

Die alte Flößer- und Gerberstadt Schiltach im Kinzigtal hat bis heute ihr mittelalterliches Flair bewahrt. Im Bild der Marktplatz mit hübschen Fachwerkbauten und dem 1592 bis 1594 von dem berühmten Baumeister Heinrich Schickhardt errichteten Renaissance-Rathaus.

Die Waldshuter Kaiserstraße mit dem Obertor aus dem 13. Jahrhundert. Als «Hut des Waldes» wurde der Ort von Rudolf von Habsburg im Jahr 1254 am Nordufer des Hochrheins gegründet. Heute beeindruckt Waldshut-Tiengen durch seine geschlossene Altstadt mit schmucken, zum Teil noch spätgotischen Zunft- und Bürgerhäusern.

Im 19. Jahrhundert entdeckten die gekrönten Häupter Europas die Vorzüge der heißen Quellen von Baden-Baden, die schon die Römer zu schätzen wußten, und machten die Stadt im Tal der Oos zu ihrer Sommerresidenz. Aus dieser Epoche stammt das Kurhaus (1821/1824), ein klassizistischer Bau von Friedrich Weinbrenner.

Die «Hexenlochmühle» in der Nähe von Sankt Märgen. Schon früh wurde im Schwarzwald die Kraft der Gebirgsbäche genutzt. Heute ist die alte Mühle ein beliebtes Fotomotiv.

Die Triberger Wasserfälle: Mehr als 160 Meter stürzt das Wasser der Gutach über sieben Granitstufen in die Tiefe.

Durch verwunschene, beinahe urzeitliche Waldlandschaften führt der Weg auf den 1414 Meter hohen Belchen im südlichen Breisgau.

Nächste Doppelseite: Panoramasicht vom Belchen über nebeldunstige Täler und Kuppen. Zur Schweizer Grenze hin sieht man das Kleine Wiesental und den Schweizer Jura; bei besonders klarer Fernsicht lassen sich wie hier am Horizont die Alpen erkennen.

Das Münster des im 9. Jahrhundert gegründeten Benediktinerklosters Sankt Blasien im Albtal südlich des Feldbergs. Der heutige frühklassizistische Rundbau mit der mächtigen Kuppel entstand gegen Ende des 18. Jahrhunderts nach dem Vorbild des Pantheons in Rom.

den auf jenem Berg noch pittoreske Ruinenreste jener mittelalterlichen Burg. Doch dann gab der damalige Herrscher Wilhelm I. den Befehl, sie abreißen zu lassen, trotz heftigster Proteste aus der Bevölkerung. Es herrschte Romantik damals und man begann, die Burgruinen zu entdecken. Der als äußerst pragmatisch geschilderte Wilhelm, den man deshalb auch schlichtweg den «Württemberger» nannte, war unbeeindruckt und ließ an Stelle der Burg ein Mausoleum für seine Gemahlin Katharina bauen, der mit erst 31 Jahren verstorbenen Zarenschwester, die er, wie Feministinnen erforschten, zuvor vielfach betrogen hatte. Und so überragt bis heute ein Totentempel und Symbol des schlechten Gewissens die Herzgegend des Mittleren Neckarraums.

Wahrhaftig ein Dialekt!

Um noch eine kleine Verständnishürde abzuräumen: Im Gegensatz zu den «Kernbadenern» um Karlsruhe, Baden-Baden und Rastatt, die «badisch» reden, sprechen die Württemberger keinesfalls «württembergisch». Vielmehr nennt man die im inneren Württemberg praktizierten weichen, nasigen und verkleinerungssüchtigen Wortausdrückungsbemühungen «schwäbisch». Wahrhaftig ein Dialekt! Unter Tausenden herauszuhören, wohl auch deshalb, weil es der einzige ist, den man breitmäulig durch die Nase sprechen kann, ja muß. Jetzt «nase» er schon wie ein Stuttgarter, sagten Michael Spohns Freunde, wenn er von der Landeshauptstadt aus gelegentlich ins heimische oberschwäbische Weingarten kam. Aber nicht genug damit, daß der württembergische Schwabe etwa alle Wörter, die mit «an-» oder «un-» beginnen, sozusagen in die Nase holt und sie dort stehen läßt, er ruht sich auch noch ungeniert auf den «-en»-Enden aus: Außenminister Klaus Kinkel etwa aus dem hohenzollerischen Hechingen ist geradezu ein Spitzenrepräsentant dieser «-en»-Endungen.

Wo es vom Sächsischen heißt, es sei lediglich ein verschlamptes Hochdeutsch, und vom Alemannischen, man brauche es, wie Hebel, nur so hinzuschreiben wie man es spreche, und nahezu jeder Gutwillige könne es verstehen, verhält es sich mit der schwäbischen Schriftlichkeit so, daß auch der Eingeweihte bei manch einem Dialektwort ins Knobeln gerät. «Gnui» für Knie und «Bfengschda» für Pfingsten, das ginge ja noch. Oder auch «Heedschich» für Handschuhe oder «Joomer» für Jammer. Aber «Leeb» für Löwe? Oder «Hoimedobad» für Heimatabend? Eine vollkommene Divergenz. Mag sein, nein, es ist gewiß, daß daraus die schwäbische Schreibsprachenkraft rührt, auch wenn manch schwäbischer Schreiber mit so manchem Suebismus in den Redaktionsstuben nördlich des Mains seine Schwierigkeiten bekommt, etwa, wenn man ihm ein Partizip wie «erschrocken» nicht mehr abnimmt, und er erschrocken feststellt, daß daraus ein «erschreckt» wurde. Das schwäbische «Schreib-Schriftdeutsch» ist, ähnlich übrigens wie das Deutschschweizerische, eine (Her-)Übersetzung aus dem Dialekt. Von Peter Härtling, den die Kriegswirren als Kind ins württembergische Nürtingen verschlagen haben, und der diesen Dialekt notgedrungen annehmen mußte, zu seinem Vorteil, denn er ist so ein authentischer Schilderer des Württembergischen geworden, stammt der Rat, den halt nur seine Landsleute beherzigen können, Hegel schwäbisch zu lesen, dann verstehe man ihn ganz leicht. Wie man auch Schillers Balladen schwäbisch rezitieren sollte, wenn man's kann, ja, sogar seine Dramen. Erst dann spürt man diese predigerhaft-pathetische Schwerkraft in sich, diese Wortmacht, die ins Freie drängt. So wächst denn, nach Hölderlin, aus dieser Dialektverzweiflung «das Rettende auch», vollends, wenn man bedenkt, als Schwabe doch immerhin der Mundart eines Schubart, Schiller, Hölderlin, Hegel, Schelling, Mörike oder Theodor Heuss zu folgen. Mitwisser und Leidensgenossen raten, Schwäbisch einfach als Schicksal anzunehmen, gewissermaßen offensiv, denn wenn man einen so prägenden Dialekt loswerden wolle, verliere man wohl überhaupt seine Prägung. Auch Thaddäus Troll (1914–1980), der Stuttgarter Schriftsteller und Schwabenkundigste von allen, schließt in dem von heute her betrachtet sehr liebenswürdigen Bestseller «Deutschland Deine Schwaben» Frieden mit seiner Mundart: «Das Schwäbische ist einer der markantesten deutschen Dialekte. Es ist nicht so derb wie das Bayerische, kann aber noch derber sein. Es ist nicht so weich wie das Sächsische, kann aber noch wabbliger klingen. Der schwäbische Dialekt ist so widersprüchlich wie der Schwabe ... Für den Nichtschwaben, in diesem Buch der Stammeslogik zuliebe Ausländer genannt, klingt unser Dialekt gemütlich, ulkig, maulfaul, lustig, derb, komisch und langsam. Dieser Ausländer ist (aber) nur zu leicht geneigt, die Eigenschaften der Sprache auf deren Sprecher zu übertragen. Auf diese Weise ist der Schwabe zum deutschen Dorftrottel geworden.»

Wobei «der Ausländer», um Thaddäus Troll zu vollenden, natürlich irrt; der Schwabe setzt seinen Dialekt oft genug wohlweislich und sehr bewußt ein, um sich dümmer zu stellen, als er ist. Das hat ihm am Ende schon manchen Vorteil verschafft. Der Schwabe nennt diese Verhaltens- oder auch Verhandlungsweise «knitz», was so viel heißen mag wie «verschlagen», und rühmt sich dieser Eigenschaft.

Thaddäus Troll hat im übrigen das schwäbischste aller Molière-Stücke, den «Geizhals», ins Stuttgarterische übersetzt. Es hieß dann «Der Entaklemmer». Claus Peymanns wenig später aus der Stadt vertriebene Truppe hat es Ende der siebziger Jahre mit Riesenerfolg uraufgeführt. Man dachte damals schon an die Entstehung eines schwäbischen Dialekttheaters nach dem Motto, was die Bayern können, können wir schon lange, aber auch in der Hoffnung, so direkt am Dialekt ließe sich nun manche deftige Wahrheit sagen und manche langwierige Verklemmung lösen. Doch weit gefehlt. Das Schwäbische ist derzeit nur noch eine breit auskostende Politikermundart. Ein Repräsentant des Schwäbischen wie Thaddäus Troll, ein solcher kritischer Mittelpunkt, fehlt dem Land heute. Troll war wohl auch der einzige, der seinen Dialekt «international» gesellschaftsfähig gemacht hatte: Bei Lesungen in Antwerpen und Hamburg bat ihn das Publikum ausdrücklich, seine Sachen doch nicht in Hochdeutsch, sondern auf Schwäbisch vorzutragen. Verbittert aber nannte er am Ende seines Lebens dieses selbsternannte Paradies auf Erden, dieses «Muschderländle», ein «spätzlesmampfendes Disneyland».

Hinreichend bekannt ist, daß die Schwaben sich insgesamt für ausgesprochen problematische, ja gespaltene Persönlichkeiten halten, und zwar insbesondere die Altwürttemberger, die dem protestantisch-pietistisch überprägten Gebiet des Herzogtums Württemberg entstammen, dem Kernstück auch noch des heutigen Bundeslands.

Diesem durch und durch zerrissenen und bemitleidenswerten Typus Mensch hat der Schwaben- und Grammatikforscher Fritz Rahn folgendes Krankenblatt gewidmet: «Längst ist erkannt, daß der schwäbische Stamm der schwierigste, rätselhafteste aller deutschen Stämme ist. In ihm sind die heftigsten Gegensätze zusammengespannt, oft treffen sich in ein und demselben Individuum äußerste Kühnheit mit befremdlicher Zaghaftigkeit, Rebellentum mit Philisterei, gewinnende Freundlichkeit mit verstimmender Räsheit, Geschicklichkeit und Tolpatschigkeit, Standfestigkeit mit Labilität, Mißtrauen und Zutraulichkeit, Höhenflug mit Horizontlosigkeit.»

Stuttgarter Impressionen

So schwer vermittelbar dieser Mensch auch immer sein mag, noch schwieriger ist seine Hauptstadt. Häufig wird der Pietismus dafür verantwortlich gemacht. «Stuttgart, dieses Pietisten-Nest», wo selbst noch das Theater Religionsersatz sei, schimpfte der ehemalige Mannheimer Schauspieldirektor Jürgen Bosse, bevor er nach erfolglosen Jahren die Landeshauptstadt in Richtung Essen verließ. Und es gibt keine Schwabenkunde, wo dieser Begriff für jene aus dem Protestantismus heraus entstandene Frömmigkeitsform nicht gehäuft auftauchte. Eine Volksfrömmigkeit, nach dem Dreißigjährigen Krieg über das wüst darniederliegende Herzogtum Württemberg gekommen, dessen Gotteshäuser gebrandschatzt waren, so daß man die Kirche nun sozusagen in der Seele (schwäbisch «Sääle») des einzelnen eröffnete und «die Schrift» in der Betstunde laienhaft, aber mit Inbrunst auszulegen begann. Diese Praxis formte einen introvertierten, dem Äußerlichen und besonders dem Schönen abholden Menschenschlag. Alles hatte «im Herrn» zu

Im maurischen Stil wurde die Stuttgarter Wilhelma im Auftrag von Wilhelm I. zwischen 1842 und 1853 erbaut. In dieser ehemaligen Schloß- und Parkanlage befindet sich heute einer der schönsten und größten Zoologischen Gärten Europas. Hier der Blick auf das Nachttierhaus.

geschehen, nichts sollte von ihm ablenken, ansonsten man sich «Sünden fürchten» müsse. Ein größerer Mentalitätskontrast zu den katholischen Landen mit ihren barocken Klöstern und Kirchen ist nicht denkbar. Auch ein Grund, weswegen etwa der katholische Oberschwabe (oder der Breisgauer) nie warm wurde mit dieser pietistisch verformten und im übrigen sehr materiellen Stadt, diesem «kapietalistischen» Stuttgart.

Andererseits muß sie sehr lange eine Attraktion unter den Städten gewesen sein, ein «Florenz des Nordens». So schreibt der humanistische Ritter Ulrich von Hutten vor 500 Jahren: «Nicht leicht hat Deutschland eine schönere Gegend als diese, das fruchtbarste Gefilde, wunderbar gutes und gesundes Klima, Berge, Wiesen, Thal, Flüsse, Quellen, Wälder, Alles aufs Anmuthigste; Früchte wie nirgends sonst, und ohne Mühe aufwachsend; Wein, wie man ihn in diesem Land erwarten kann. Stuttgart selbst nennen die Schwaben das irdische Paradies, so lieblich ist es gelegen.»

Das war 150 Jahre vor Einführung des Pietismus. Aber auch noch um 1800 preist Alexander von Humboldt Stuttgart als eine der schönsten Städte in der Welt. Und Günter Herburger, der in München lebende Dichter aus dem württembergischen Allgäu, wun-

Bilder aus Stuttgart. Das Gepräge einer alten Residenzstadt hat sich am Schloßplatz und um den Schillerplatz erhalten.

Links oben: Die gotische Stiftskirche Heilig Kreuz am Schillerplatz mit ihren ungleichen Türmen, die auf eine romanische Basilika aus dem 12. und 13. Jahrhundert zurückgeht.

Links unten: Den Nordwesten des Schloßplatzes beherrscht der gewaltige spätklassizistische Königsbau aus den Jahren 1855 bis 1859 mit seiner ionischen Säulenfront.

Mitte: Blick auf den Schillerplatz mit dem Schillerdenkmal. Im sogenannten Stiftsfruchtkasten (links) befindet sich heute ein Museum. Der Prinzenbau (Mitte) beherbergt das Justizministerium. Aus der Zeit der Renaissance stammt die Alte Kanzlei (rechts).

Rechts oben: Weinfest auf dem Schillerplatz; im Hintergrund das Alte Schloß.

Rechts unten: Im Nordosten der Stadt liegt das von einem englischen Park umgebene Schloß Rosenstein (1824–1829).

Das Große Haus des Württembergischen Staatstheaters in Stuttgart. Es wurde 1907 bis 1912 nach einem Entwurf von Max Littmann im neoklassizistischen Stil erbaut (Postkarte von 1913).

Hier entstand Mannheims Theatertradition, begründet durch berühmte Schiller- und Iffland-Aufführungen: Das unter Kurfürst Karl Theodor von der Pfalz von 1776 bis 1789 erbaute «Teutsche Commödienhaus», das 1944 den Bomben zum Opfer fiel (Gemälde von Sebastian Staasens, 1793, Reiß-Museum, Mannheim).

dert sich, daß in einer so schön gelegenen Stadt «ausgerechnet Stuttgarter wohnen». Stuttgart wird also vor allem wegen seiner Lage hervorgehoben, lange aber war es auch für seinen Wein berühmt. Bis weit ins 19. Jahrhundert hinein gehörte es den «Wengertern». Nicht Großkaufleute, Weinbauern prägten die Stadt. Ihnen verdanke sie «das Seßhafte, Patriarchalisch-Konservative», weiß der Landeshistoriker Otto Borst.

Mit der Industrialisierung verloren die Neckarauen zunächst ihr Arkadisches. Doch in den zwanziger Jahren gewann die Stadt sogar an Schönheit dazu und wurde auf hohem Niveau zeitgenössisch und modern. «Stuttgart empor», hieß ein Slogan damals mit gutem Grund. «Was die moderne Architektur anbelangt, so ist Stuttgart ein Amerika», schrieb ein begeisterter Augenzeuge. Im Herbst 1943 kommt das jüdische Ehepaar Krakauer nach abenteuerlicher Flucht vor der Gestapo aus Berlin in Stuttgart an. Noch war es unzerstört, und die beiden erinnern sich: «Die Vormittagsstunden benutzten wir, um uns Stuttgart, die uns unbekannte, doch immer als so schön beschriebene Stadt anzusehen, und selbst den begeistertsten Schilderungen gaben wir recht.»

Stuttgarts Zentrum hat dann unter den Zerstörungen des Zweiten Weltkriegs viel gelitten, doch wissen wir heute, daß ein Großteil seiner urbanen Substanz schließlich dem Wiederaufbau zum Opfer gefallen ist. Es klingt fast sarkastisch, scheint aber doch so, daß sich 300 Jahre später erst die utilitaristisch-puritanische, am reinen Zweckmäßigkeitsdenken und Fortkommen orientierte pietistische Art endgültig durchgesetzt hat – als habe man sich eigentlich schon immer geniert, eine so unverschämt schön daliegende Stadt zu bewohnen und müsse nun alles unternehmen, ihre Reize zu verdecken.

Nun aber ist's «vollbracht». Mitten drin eine breite Fußgängerfurt, mit unzähligen Schuhgeschäften beiläufig, die Königstraße, an den von Napoleon erhobenen Friedrich I. erinnernd, und drum herum tosende Autobrandung in einem engen Tal. Ein Stadtgefühl oder wenigstens eine Ahnung von Urbanität will da nicht aufkommen. Stuttgarts Mitte ist Dienstleistungszentrum und, ganz im Gegensatz etwa zu Karlsruhe oder Freiburg, fast nur noch von Hausmeistern bewohnt. Versuchen wir also, die eine oder andere Irritation eines «Baden-Württembergers» zu verstehen, wenn er, doch immerhin «Landeskind», von außerhalb in seine Hauptstadt kommt, so, wie etwa der Freiburger Journalist Wolfgang Heidenreich vor etlichen Jahren. Man balle zwar nicht mehr die Faust, wenn einen die Pflicht nach Stuttgart rufe, bekennt er: «Allerdings verklärt sich auch niemandes Auge, wenn man in Stuttgart das legitime Geschäft des politischen Marketings um ein paar unbadische Nuancen zu lärmig betreibt. Stauferles im Muschterländle spielt und Weltmeister im Tüchtigseinmüssen. Mit dem geballten Interesse des Schwaben am Schaffe, am Vorteil und am Sach, mit dem gelegentlich missionarisch verkniffenen Arbeitsethos, dem nicht selten das pietistische Unvermögen anhängt, das Verdiente auch zu genießen – nun, damit will man im Badischen nicht konkurrieren.»

Fast alles, bis auf den «Vorteil», ist ja auch anderswo ausgeprägter als hier: In Esslingen etwa oder in Freiburg oder Karlsruhe das Rathaus, in Tübingen der Marktplatz, in Heidelberg die Neckarpromenade, in Baden-Baden das Kurviertel. Denn, auch dies bleibt so eine Stuttgarter Wunde, das 1905 eingemeindete Cannstatt war seinerzeit ein Weltbad! Aber wie hätte so viel Mondänität nach Stuttgart gepaßt? Noch heute ist es so, daß man auf der Königstraße in einem Trainingsanzug weniger auffällt als mit einem eleganten Hut auf dem Kopf. Indes, die Stuttgarter an ihren Weinstubenstammtischen sind inwendig gewissermaßen gegerbt gegen Kritik an ihrer Stadt. Und auch der publizistische Heimatschutz in den Lokalblättern funktioniert unverdrossen. Nur beim Hinweis auf München gerät der Bewohner der Landeshauptstadt gern ins Sinnieren. «Ja, Minchen», sagt er dann, «naddierlich Minchen». Da paßt der Stuttgarter neidlos. Vor dieser Konkurrenz resigniert er. Und wenn, was alle Schaltjahre einmal passiert, der VfB gegen die Bayern gewonnen hat, herrscht eine Freude in der Stadt, die nur der Einheimische begreift.

Eins aber hat Stuttgart sogar München voraus: Sein Sportpublikum, erst unlängst mit einem Fairneßpreis ausgezeichnet. Obwohl es da schon wieder böse Menschen gibt, die behaupten, das Stuttgarter Publikum feiere eigentlich nur sich selbst, scheint es in Wirklichkeit eher so, daß man sich hier über alles von Herzen freut, was sich bewegt. Wenigstens darin hat man dann eine gemeinsame baden-württembergische Tradition: Das Stuttgarter Ballett, der unglückselige Ulmer Schneider und «Fliegpionier» Berblinger, der Karlsruher Freiherr von Drais, Erfinder des Fahrrads oder doch wenigstens des Laufrads, Graf Zeppelin, der Luftschiffer vom Bodensee, der Schorndorfer Gottlieb Daimler, der Mannheimer Carl Benz, und all diese erfinderischen Maschinenbauer im Land, die seit Jahrzehnten die Bestandteile zur automobilen Fortbewegung liefern!

Und, daß wir diesen kleinen Gruß nach Freiburg nicht vergessen: Der Sprachatlas weist das «Schwäbische» lediglich als die nordöstliche Form des Alemannischen aus. So gibt es wohl gerade dort die meisten Gemeinsamkeiten, wo man sie am wenigsten erahnt. Aber mit welchen Unterschieden!

«Geischd», «Kunschd» und auch ein wenig Politik

Beispielsweise in Geist und Geistlichkeit. Allein das Kartenstudium für die Schwäbische Dichterstraße, Hauptattraktion des Geistestourismus in Württemberg, der wir uns vielleicht für eine abschließende Erfahrung anvertrauen sollten, ergibt sogleich, daß sich die Dichterorte oder wenigstens die Orte mit literarischen Bewandtnissen im württembergischen Landesteil häufen. Der Mittlere Neckarraum zwischen Nürtingen und Weinsberg, Calw und Aalen verfügt über literarische Vorkommen wie kaum eine deutsche Gegend. Woher dieser Segen, wenn es denn einer sein sollte? Ganz gewiß ist er wesentlich ein Produkt Tübingens mit seiner Universität und seinem «Stift» vor allem, jener theologischen Zuchtstätte für die protestantische Elite Württembergs. Herzog Christoph (1550 bis 1568) hatte 1565 die evangelische Lehre zur Landesreligion erhoben. Württemberg wurde zu einem «protestantischen Spanien», wie es in Walter Jens' Jubiläumsband zum 500jährigen Bestehen der Tübinger Universität heißt. Württemberg, um sich als «lutherisches Kernland» im katholisch-calvinistischen Süden behaupten zu können, hatte, so analysiert Jens dann, nur «eine einzige Chance», nämlich «... das gesamte Bildungswesen des Landes von Grund auf zu verändern, um auf diese Weise, durch die Neuorganisation des Unterbaus, jene Elite im eigenen Land heranzubilden ... Wenn die Grenzen dank der Konfessions-Barrieren geschlossen sind, dann muß man Hauspolitik treiben und aus den Reihen der Landeskinder eine autochtone Elite züchten. Jawohl, züchten!»

Damit hat der hanseatische Wahltübinger Jens, dem die Universitätsstadt viel Beachtung von außerhalb verdankt, ihm aber gleichwohl zu seinem 70. Geburtstag unlängst die Bürgermedaille verweigerte, die württembergischen Dinge auf den Begriff gebracht: Konservativ-pragmatische und philosophisch-dichterische Geistigkeit haben hier ein und dieselbe protestantisch-theologische Wurzel. Und, so weiß man, aus dieser Wurzel wuchsen keine Rebellen. Der «schwäbische Geist» ist vielmehr staatstragend, da er sich dem Staat verdankt. «Wer intelligent war und nicht rebellierte», so Jens an anderer Stelle, «hatte in Württemberg keine Sorgen.»

Das Stift war sozusagen ein altwürttembergisches Bafög: Man zahlte für die vom Staat erhaltene Ausbildung mit Wohlverhalten zurück. Bis in die Weimarer Republik hinein galt Tübingen als eine der konservativsten Universitäten im Deutschen Reich und die «Deutschnationale Volkspartei» (DNVP) als Partei des von Tübingen beeinflußten protestantisch-württembergischen Pfarrhauses. Jene von den Latein- und Griechischexerzitien am Tübinger Stift geformten Dichter waren eher Neben- oder Zufallsprodukt als «Zuchtziel». Den Dichter, der auch Minister gewesen wäre, gibt es nicht im Württembergischen, zumindest nicht bis 1945. Danach schien es eine Zeitlang möglich, daß Hommes des lettres wie Theodor Heuss, Carlo Schmid oder Gerhard Storz Staatsämter bekleideten. Sonst aber hatte Württemberg wenig Verwendung für eigenwillige literarische Köpfe. Christoph Friedrich Daniel Schubart (1739–1791) etwa, kein Stiftler, aber der erste politisch «räsonierende» Journalist im Gebiet des heutigen Württemberg, rückte am 26. März 1776 in seine «Teutsche Chronik» diese Nachricht ein: «Eine Sage. Der Herzog von Würt-

Unter John Cranko (1927–1973), der nach seiner Karriere als Tänzer und Choreograph in London 1961 die Leitung des Balletts der Württembergischen Staatstheater übernommen hatte, wurde diese Kompanie weltbekannt.

Oben: Eine Szene aus John Crankos berühmter Schwanensee-Choreographie, die am 22. Dezember 1972 in Stuttgart Premiere hatte.

Unten: John Cranko bei seiner engagierten Arbeit im Ballettsaal.

Links: Der Dichter Eduard Mörike (1804–1875). Nach dem Theologiestudium im Tübinger Stift führte ihn sein kirchliches Amt durch das ganze Land, so daß zahlreiche kleine Orte in Württemberg heute mit seinem Namen verbunden sind.

Rechts oben: Der Philosoph Friedrich Schelling (1775 bis 1854), geboren in Leonberg (Daguerreotypie von 1848).

Rechts unten: Hans Bayer (1914–1980), der unter seinem Pseudonym Thaddäus Troll Prosastücke, Feuilletons und Theaterkritiken veröffentlichte (Foto von 1980).

temberg soll 3000 Mann an England überlassen, und dies soll die Ursache seines gegenwärtigen Aufenthalts in London sein.» Danach war es um ihn geschehen. Einen derart aufklärerischen Journalismus konnte er nicht einmal mehr in der Freien Reichsstadt Ulm riskieren, wo seine Chronik damals erschien, denn Ulm lag viel zu nahe am Herzogtum Württemberg, als daß man einen solchen Freigeist dort hätte dulden können. Man lockte Schubart nach Blaubeuren auf württembergisches Gebiet und steckte ihn ohne Prozeß auf den Hohen Asperg, den «Demokratenbuckel», wie man ihn später nannte.

Vielleicht hat das schreiende Unrecht seiner Verhaftung in dem jungen Friedrich Schiller moralische Impulse freigesetzt, die ihn wie mit einem Schwall in seine Sturm- und Drangphase trugen. Jetzt, 1777, in Schubarts Verhaftungsjahr, beginnt dieser Schiller ernsthaft an seinen «Räubern» zu arbeiten, als Zögling einer anderen «Zuchtanstalt», der Hohen Karlsschule, so genannt nach ihrem Stifter, dem tyrannischen Karl Eugen. Schubart wurde 1787 als gebrochener Mann vom Asperg entlassen und von Karl Eugen huldreich spektakulär mit dem Amt eines Suttgarter Hoftheaterdirektors abgefunden. Schiller war damals schon seit fünf Jahren aus dem Land geflohen und arbeitete im Körnerschen Gartenhaus bei Loschwitz an der Elbe über seinem «Don Carlos». Und in diesem Jahr 1787 trifft er, in Weimar, zum ersten Mal auch einen anderen großen schwäbischen Dichter, dessen Shakespeare-Übersetzungen er schon auf der Hohen Karlsschule verschlungen hatte: Christoph Martin Wieland (1733–1813). Wenig später belegen Hegel und Hölderlin, beide Jahrgang 1770, das Tübinger Stift. Hegel wirkte nach seinen württembergischen Lehrjahren in Bamberg, Heidelberg und Berlin, Hölderlin verfiel 1806 dem Wahnsinn und verbrachte sein restliches Leben in einem gelben Turm am Neckarufer, gewissermaßen im Schatten des Stifts.

«Stiftler», also die protestantisch-theologisch Ausgebildeten unter den bekannten literarischen Vertretern des württembergischen Biedermeier, waren Wilhelm Hauff (1802 bis 1827) und Eduard Mörike (1804–1875). Von Mörike, dem schwierigen, unsteten,

Der Schriftsteller Hermann Hesse (1877–1962), dem 1946 der Nobelpreis für Literatur verliehen wurde. Als Sohn eines Missionspredigers in Calw geboren, kam er 1891 ins evangelisch-theologische Seminar nach Maulbronn, aus dem er bereits ein Jahr später floh und dem er in seinem Roman «Unterm Rad» (1906) ein Denkmal setzte. Seine letzten Lebensjahre verbrachte er in Gaienhofen am Bodensee und im Tessin (Foto, um 1960).

unentschiedenen Herrn mit einem «Kanzleiratskopf», wie er von sich sagt, gibt es ebenfalls sehr entrückte Passagen: «Jüngst im Traum ward ich getragen/ Über fremdes Heideland;/ Vor den halbverschlossnen Wagen/ schien ein Trauerzug gespannt.»

Die Spur dieses Vikars, Pfarrverwesers und Pfarrers führt durchs ganze Land, weit und breit gibt es keinen ähnlich renommierten Zeitgenossen, der so intensiv im Württembergischen herumgekommen wäre, und mancher Ort verdankt seine literarische Berührung nur ihm: Er stellt Württembergs eigentlichstes literarisches Geschöpf dar. So gesehen ist auch die Schwäbische Dichterstraße von Bad Mergentheim zum Bodensee, an die wir dies Schlußräsonnement knüpfen, vor allem eine erweiterte «Mörike-Straße». Bei der Mörike-Station Kirchheim unter Teck erreicht sie mit der Alb die heiligen Gefilde des schwäbischen Wandererwesens und die Seelenlandschaft der schwäbischen Romantik. «Ein grünend fruchtbar Land», dichtet Ludwig Uhland, durchdrungen von württembergischem Nationalismus, wie er natürlich auch zur schwäbischen Romantik gehört, «Von Strömen schimmernd, herdenreichen Triften,/ Jagdlustig Waldgebirg und aus der Tiefe,/ Des nahen Klosters abendlich Geläut;/ Dann fernhin in den Burgen, in den Städten/ Gesegnetes Geschlecht, treufeste Männer,/ Die Frauen aber sittig und verschämt.» Jenseits der Alb, auf der beruhigend gleichmäßigen Hochebene Oberschwabens, liegt dann Biberach, Geburtsort und erste Wirkungsstätte des eleganten Spötters Christoph Martin Wieland, an den dort sein Gartenhaus erinnert.

Die Schwäbische Dichterstraße endet in Meersburg, wo Annette von Droste-Hülshoff (1797–1848) ihre letzten, traurigen Jahre verbrachte. Meersburg ist die einzige badische Station auf dieser Geistestour. Stellen wir uns aber vor, sie führe nun weiter hinein ins Badische, geraten wir unversehens nach Gaienhofen auf der Höri, einer von Künstlern häufig besuchten Halbinsel zwischen Zeller See und Untersee. Hermann Hesse (1877 bis 1962) aus Calw, der einzige schwäbische Literaturnobelpreisträger (1946), er hat sich dem württembergischen Theologenweg, für den er ausersehen war, am Ende durch die Flucht

Oben links: Der Philosoph Georg Friedrich Wilhelm Hegel, der 1770 in Stuttgart geboren wurde (zeitgenössischer Kupferstich). – Oben Mitte: Die Schriftstellerin Sophie von La Roche (1731–1807; Zeichnung von Georg Friedrich Schmoll, 1785). Oben rechts: Als Mitbegründer des historischen Romans in Deutschland gilt Wilhelm Hauff (1802–1827; kolorierter Stahlstich). – Unten links: Das Geburtshaus des Dichters Christoph Martin Wieland (1733–1813) in Oberholzheim (kolorierter Stahlstich, 1840, Wieland-Museum, Biberach). – Mitte rechts: Friedrich Schiller (1759–1805), geboren in Marbach am Neckar. Im Jahr 1773 trat er auf Befehl des Herzogs Karl Eugen in die Hohe Karlsschule ein. Hier entstand sein Drama «Die Räuber», das ihm mehrwöchigen Arrest und Schreibverbot einbrachte (Stich von 1824). – Unten rechts: Der Dichter Friedrich Hölderlin (1770–1843; Pastellgemälde von Franz Karl von Hiemer, 1792, Schiller-Nationalmuseum, Marbach).

Oben: Das Geburtshaus des Dichters Ludwig Uhland (1787–1862) in Tübingen (Gemälde von 1866). – Unten links: Ludwig Uhland, der neben Justinus Kerner der Mittelpunkt des Schwäbischen Dichterbundes war (Gemälde von Christian Friedrich Dörr). – Unten Mitte: Seit 1841 lebte die Dichterin Annette von Droste-Hülshoff (1797–1848) in Meersburg am Bodensee (Gemälde von Wilhelm Stierl, 1820, Droste-Museum, Meersburg). – Unten rechts: Christoph Martin Wieland (Gemälde von J. Tischbein, um 1795/97).

ins Alemannische entzogen und erst am badischen Bodensee und dann in der Schweiz seine Freiheit gefunden. Zwischen 1904 und 1912 ließ er sich in Gaienhofen nieder und baute 1907 dort ein Landhaus. «Vor meinen Fenstern stundenweit See», schreibt er. «Man sah das Schweizer Ufer, die Reichenau, den Konstanzer Münsterturm und dahinter ferne Berge.» Vom Wahlalemannen Hesse zum klassischen Alemannen Hebel führt unsere imaginäre «schwäbisch-alemannische» Dichterspur hinüber nach Westen und am Hochrhein vorbei durch den geheimnisvollen Hotzenwald nach Hausen im Wiesental, dem «einsamen Ort», wo Johann Peter Hebel seine Kindheit verbracht hat, und weiter den Südschwarzwald hoch ins kinzigtälerische Renchen, wo der große Grimmelshausen (1622–1676) seit 1667 lebte und unter anderem seinen «Simplicissimus» fertigschrieb.

Eine Badische Literaturstraße würde im Heidelberg der zwanziger Jahre enden, dem denkbar größten Gegenteil zum reaktionären, dumpf verhockten Tübingen: «Hier, in Heidelberg, der fortschrittlichsten und geistig anspruchvollsten Universität Deutschlands, war für uns Rhodos, hier galt es zu springen», heißt es in Carl Zuckmayers «Als wär's ein Stück von mir». Zuckmayer hatte diese Universität nach dem Ersten Weltkrieg bezogen und fand noch viel von der liberalen Aura vor, die sich Heidelberg in der wilhelminischen Ära erworben hatte. Es war zudem der Ort der Soziologenbrüder Max und Alfred Weber sowie des Philosophen Karl Jaspers. Von Heidelberg ging keine regionalspezifische, sondern die «Deutsche Romantik» aus. Wer war damals, zu Beginn des 19. Jahrhunderts, nicht alles hier: Der junge Eichendorff als Student und Görres als Lehrer. Achim von Arnim und Clemens Brentano sammelten hier Stoff für ihre Volksliedersammlung «Des Knaben Wunderhorn». Und schließlich: In einer kleinen Kammer am Neckarstaden beginnt Gottfried Keller 1849 mit der Urfassung seines «Grünen Heinrich».

Man ist also gut beraten, die «Schwaben» an Heidelberg zu erinnern, wenn sie wieder einmal so tun, als hätten sie auch noch die Literatur erfunden und mit ihrem Sprüchlein renommieren: «Der Uhland und der Hegel, der Schiller und der Hauff, das ist bei uns die Regel, das fällt uns gar nicht auf.» Apropos Hegel: Nicht in Tübingen, in Heidelberg hat er von 1816 bis 1818 gelehrt, bevor er dann in Berlin berühmt wurde, wo er 1831 starb.

Daß ein aus so vielen «Herkünften» zusammengefügtes Land auch verschiedene kunsthistorische Schwerpunkte hat, wen wundert's: Barock im katholischen Oberschwaben, Gotik am Oberrhein, Klassizismus im protestantischen Karlsruhe, «neues bauen» im industriereichen Stuttgart, Neue Sachlichkeit wiederum im kunstreichen Karlsruhe. Stuttgart verdankte seinen Ruf in den zwanziger Jahren als heimliche Hauptstadt der Moderne tatkräftigen Einflüssen aus Bayern: Adolf Hölzel (1853–1934), geprägt durch Münchener Akademie und Dachauer Schule, lehrte bis 1918 an der Stuttgarter Akademie und machte sie zu einem Zentrum der abstrakten Moderne. Sein berühmtester Schüler, der Stuttgarter Maler Oskar Schlemmer (1888–1943), starb übrigens in Baden-Baden. Und zu Beginn des Jahrhunderts, von 1901 bis 1908, lehrte und baute hier Theodor Fischer (1862–1938) aus Schweinfurt, der unter vielen wunderbaren Architekturen im Württembergischen wie den Pfullinger Hallen oder dem Jugendstilkirchlein im hohenlohischen Gaggstadt (1903–1905) auch das Stuttgarter Kunstgebäude «erfunden» hat, mit seinem «goldenen Hirsch» noch immer ein Wahrzeichen.

Wer ist nicht alles durch Fischers «Stuttgarter Schule» gegangen? Ein Bonatz etwa, Erbauer des Stuttgarter Hauptbahnhofs, Neuerer wie die Gebrüder Taut oder Jacobus Johannes Pieter Oud, alle drei beteiligt an der Stuttgarter Weißenhofsiedlung (1927). Oder Erich Mendelssohn, berühmt für seinen Einsteinturm in Potsdam, aber einst auch für sein aufregendes Stuttgarter «Kaufhaus Schocken». Wie durch ein Wunder hatte es den Krieg überstanden, man riß es aber 1960, trotz vielfacher Proteste aus aller Welt, für eine Rechtsabbiegespur ab. Auch ein Nonkonformist wie Martin Elsaesser war ein Schüler Theodor Fischers. Von ihm stammt die Stuttgarter Markthalle (entstanden 1911/12). Fast hätte man auch sie auf gut stuttgarterisch in den siebziger Jahren beseitigt; heute sieht man dort im feinen Restaurant auf der Empore manchmal schon einen Karlsruher. Und das ist ein in jeder Hinsicht gutes Zeichen – für Stadt und Land.

Eine weit ausladende Freitreppe führt zum Eingang des Lustschlößchens Favorite (1715 bis 1723) auf dem Gelände des Residenzschlosses Ludwigsburg. Auch die Farbgestaltung der Fassaden in Ocker und Hellrot erinnert an italienische Barockvillen und damit an die mediterrane Herkunft seines Baumeisters Donato Giuseppe Frisoni.

Nächste Doppelseite: Ionische Doppelsäulen und eine Statuengalerie entlang der Dachfront prägen die Eingangsfassade des Großen Hauses des Württembergischen Staatstheaters im Stuttgarter Schloßgarten.

Westlich von Stuttgart liegt das barocke Lustschloß Solitude mit seiner geschlossenen, fast strengen Stuckfassade. Herzog Karl Eugen ließ sich bei der Gestaltung des Bauwerks sowohl vom Schloß Sanssouci bei Potsdam als auch von dem Schlößchen Montplaisir bei Erlangen inspirieren.

Der ursprünglich stark umstrittene Neubau der Staatsgalerie in Stuttgart ist heute mit seinen jährlich über 600 000 Besuchern eine der größten Attraktionen der Landeshauptstadt. Der zwischen 1977 und 1983 nach den Plänen des britischen Architekten James Stirling errichtete Komplex zählt zu den bedeutendsten Bauten der Postmoderne.

Wirkungsvolle Kontraste: Die klassizistischen Skulpturen im Innenhof der Neuen Staatsgalerie verweisen auf die Nachbargebäude der Alten Staatsgalerie, die König Wilhelm I. von Württemberg zwischen 1838 und 1843 erbauen ließ.

Nächste Doppelseite: Der Arkadenhof, der einstige Turnierhof des Alten Schlosses in Stuttgart. Die dreigeschossigen Laubengänge sind ein besonders eindrucksvolles Beispiel der deutschen Renaissance-Baukunst. Im Vordergrund rechts ein Reiterdenkmal des Grafen Eberhard im Bart (1445–1496).

Die Ostseite des Stuttgarter Schloßplatzes wird von der Dreiflügelanlage des Neuen Schlosses bestimmt. Auftraggeber des spätbarocken Baus (1746 bis 1807) war Herzog Karl Eugen, der sich nach Ludwigsburger Vorbild eine repräsentative Residenz errichten lassen wollte. Im Zentrum des Schloßplatzes die Jubiläumssäule aus dem Jahr 1841.

Im Land der Dichter

Baden-Württemberg im Spiegel der Literatur

Hölderlin in Heidelberg und Mannheim

Ungefähr um Mittag kamen wir in Heidelberg an. Die Stadt gefiel mir außerordentlich wohl. Die Lage ist so schön, als man sich je eine denken kann. Auf beiden Seiten und am Rücken der Stadt steigen steile, waldichte Berge empor, und auf diesen steht das alte, ehrwürdige Schloß –. Ich stieg auch hinauf und machte eine Wallfahrt zu dem berühmten Heidelberger Faß, dem Symbol so manches Zechers, dem Bonmot so manches Trinklieds. Es ist *wirklich* so groß, daß man oben ganz bequem herumtanzen kann. Es sind Schranken auf ihm, daß man ohne Gefahr darauf gehen kann. Aber das kann ich versichern, daß ein Fall von seiner Höhe mir ebenso unangenehm wäre als aus meinem Klosterfenster. Merkwürdig ist auch die neue Brücke daselbst.

Nachmittags reisten wir noch nach – Mannheim. Wir hatten herrlichen Weg am Neckar hinab. Kaum waren wir ausgestiegen, so gingen wir ins Schauspiel. Schöner, gebildeter, vollkommener kann man sich nichts denken als das Mannheimer Nationaltheater. – Nach dem Schauspiel sah ich noch das Zeughaus, wo Kanonenkugeln wie Steinhaufen aufgebeugt sind, wo ich zum erstenmal Granaten, Bomben, Kanonen usw. sah – und dann die Jesuitenkirche! das prächtigste Gebäude, das ich auf meiner Reise fand. Die Stadt ist beinahe zweimal größer als Stuttgart. Das fürstliche Schloß sieht man aus den meisten Gassen. Die Gassen sind ganz gerade – alles ist eben. Die Gebäude machen jedesmal ein großes Viereck. Das Kaufhaus ist so ungeheuer groß, daß mich ein Gang um dasselbe herum beinah eine halbe Viertelstunde kostete.

Johann Christian Friedrich Hölderlin, 1788

Eine Erzählung aus dem Schwarzwald

Durch den Schnee und durch die Tannen des Schwarzwalds kommt abends am 5. Dezember 1807 ein achtjähriges Mägdlein halb barfuß, halb nackt vor das Häuslein eines armen Taglöhners im Gebirg und gesellt sich mir nichts, dir nichts zu den Kindern des armen Mannes, die vor dem Hause waren, und gaukelt mit ihnen, geht mit ihnen mir nichts, dir nichts in die Stube und denkt weiter nimmer ans Fortgehen. Nicht anders als ein Schäflein, das sich von der Herde verlaufen hat und in der Wildnis herumirrt, wenn es wieder zu seinesgleichen kommt, so hat es keinen Kummer mehr. Der Taglöhner fragt das Kind, wo es herkomme. «Oben aben von Gutenberg.» – «Wie heißt dein Vater?» – «Ich habe keinen Vater.» – «Wie heißt deine Mutter?» – «Ich habe keine Mutter.» – «Wem gehörst du denn sonst an?» – «Ich gehöre niemand sonst an.» – Aus allem, was er fragte, war nur so viel herauszubringen, daß das Kind von den Bettelleuten sei aufgelesen worden, daß es mehrere Jahre mit Bettlern und Jaunern sei herumgezogen, daß sie es zuletzt in Sankt Peter haben sitzenlassen, und daß es allein über Sankt Märgen gekommen sei und jetzt da sei. Als der Taglöhner mit den Seinigen zu Nacht aß, setzte sich das fremde Kind auch an den Tisch. Als es Zeit war zu schlafen, legte es sich auf die Ofenbank und schlief auch; so den andern Tag, so den dritten. Denn der Mann dachte: ‹Ich kann das arme Kind nicht wieder in sein Elend hinausjagen, so schwer es mich ankommt, eins mehr zu füttern.› Aber am dritten Tag sagte er zu seiner Frau: «Frau, ich wills doch auch dem Herrn Pfarrer anzeigen.» Der Pfarrherr lobte die gute Denkungsart des armen Mannes, der Hausfreund auch; «aber das Mägdlein», sagte der Pfarrherr, «soll nicht das Brot mit Euern Kindern teilen, sonst werden die Stücklein zu klein. Ich will ihm einen Vater und eine Mutter suchen.» Also ging der Pfarrherr zu einem wohlhabenden und gutdenkenden Mann in seinem Kirchspiel, der selber wenig Kinder hat, und der Hausfreund weiß just nicht, wie ers dem Manne sagte: «Peter», sagte er, «wollt Ihr ein Geschenk annehmen?» – «Nachdems ist», sagte der Mann. – «Es kommt von unserm lieben Herrgott.» – «Wenns von dem kommt, so ists kein Fehler.» Also bot ihm der Pfarrherr das verlassene Mägdlein an und erzählte ihm die Geschichte dazu, so und so. Der Mann sagte: «Ich will mit meiner Frau reden. Es wird nicht fehlen.» Der Mann und die Frau nahmen das Kind mit Freuden auf. «Wenns guttut», sagte der Mann, «so will ichs erziehen, bis es sein Stücklein Brot selber verdienen kann. Wenns nicht guttut, so will ichs wenigstens behalten bis im Frühjahr. Denn dem Winter darf man keine Kinder anvertrauen.»

Jetzt hat ers schon viermal überwintert und viermal übersommert auch. Denn das Kind tat gut, ist folgsam und dankbar und fleißig in der Schule, und Speise und Trank ist nicht der größte Gotteslohn, den das fromme Ehepaar an ihm ausübt, sondern die christliche Zucht, die väterliche Erziehung und die mütterliche Pflege. Wer das fremde Töchterlein unter den andern in der Schule sieht, sollt es nicht erkennen, so gut sieht es aus, und so sauber ist es gekleidet. So etwas tut dem Hausfreund wohl, und er könnte den braven Taglöhner und die braven Pflegeeltern des Kindes mit Namen nennen, wer sie sind und wie sie heißen. Aber über seinen Mund kommts nicht.

JOHANN PETER HEBEL, 1811

Baden-Württemberg ist für seine drei traditionsreichen Universitäten bekannt.

Links oben: Das Kollegiengebäude der Freiburger Universität. Von hier haben es die Studenten nicht weit in den Schwarzwald, wo etwa «Professor Schauinsland» seine vielbesuchten Vorlesungen abhält (Foto, um 1920).

Links Mitte: Das um die Mitte des 19. Jahrhunderts erbaute Universitätsgebäude in Tübingen, das die Gründung seiner Hochschule im Jahr 1477 Graf Eberhard im Bart verdankt.

Rechts oben und unten: Die im Jahr 1386 gegründete Heidelberger Universität, in der es noch bis ins 20. Jahrhundert hinein die Karzerstrafe gab. Die zur Haft im Karzer Verurteilten wurden in einem Holzkäfig durch die Stadt und zum Universitätsgefängnis gefahren (Foto vor 1945; Foto von 1906).

Ein Ort, wie von der Muse ausgesucht

Ich lebe hier an einem Ort, den mir die Muse selbst (und ich habe eine sehr subjektive und eigensinnige) nicht besser hätte aussuchen können. Ein wildes Paradies, ein Reihernest, abgeschnitten von aller kultivierten Welt, und doch nur, wenn ich will, ein Sprung in die Städte der Menschen. Der Ort liegt am Rande einer der höchsten Albtraufen; – der Breitestein (Dir vielleicht aus Schwabs Schwäbischer Alb oder aus einer eigenen Albfahrt bekannt) nur 30 Schritt von meinem Haus, mit einer schaudernd lieblichen Aussicht in tiefliegende, sanft und wild ineinander laufende Täler, und drüber hinweg in eine ungeheure Ferne. Der Reissenstein (eine kleine Stunde), Heimerstein, Teck, Rauber (eine halbe Stunde) sind herrliche Punkte.

Ich bin nur Amtsverweser, aber weil der Platz nie durch einen Pfarrer besetzt wird, kann ich bis zu einer Bedienstung mein Wesen hier forttreiben. Bei meinen treuherzigen Leuten genieß ich Titel, Ansehn und Zutrauen eines förmlichen Pastors, mit 400 fl. ... In einigen Tagen zieht meine Mutter zu mir, Luise, meine Braut, wird sie begleiten und ein vierzehn Tag bleiben. So ist mir denn um und um wohl.

EDUARD MÖRIKE, 1832

Das Fürstenhäuschen über dem Bodensee

«Jetzt muß ich Ihnen auch sagen, daß ich seit acht Tagen eine grandiose Grundbesitzerin bin. Ich habe das blanke Fürstenhäuschen ... in einer Steigerung nebst dem dazugehörenden Weinberge erstanden, und wofür? Für 400 Reichstaler. Dafür habe ich ein kleines, aber massiv aus gehauenen Steinen und geschmackvoll aufgeführtes Haus, was vier Zimmer, eine Küche, großen Keller und Bodenraum enthält, und 5000 Weinstöcke, die in guten Jahren schon über zwanzig Ohm Wein gebracht haben. Es ist unerhört! Aber keiner wollte bieten, dieses unglückliche Jahr bringt nur Verkäufer hervor. Gottlob ist's kein armer Schelm, dem ich es abgekauft, sondern der reiche Großherzog von Baden, dem dies vereinzelte Stückchen Domäne lästig war. Früher gehörte es den Bischöfen von Konstanz, und der letztverstorbene ließ dies artige Gartenhaus bauen, wo er manchen Tag soll gespeist haben. [...]

Die Aussicht ist fast zu schön, d. h. mir zu belebt, was die Nah- und zu schrankenlos, was die Fernsicht betrifft. Es ist der höchste Punkt dieser Umgebungen, gleich am Fuße des Hügels zwei sich kreuzende Chausseen, tiefer Stadt und Schloß Meersburg, die hier ganz niedrig zu liegen scheinen; als nächste Punkte darin (etwa tausend Schritt entfernt)

Kutscherei
Fritz Sippich

Blick über die Donau auf Ulm. Auf dem kolorierten Kupferstich von 1810 fehlt dem gotischen Münster noch sein hoher Turm, das heutige Wahrzeichen der Stadt; er wurde erst 80 Jahre später gebaut. Im Vordergrund links der Metzgerturm.

und sich wunderschön präsentierend, rechts das alte Schloß, links das Seminar, von dem nachmittags der schöne Chorgesang so deutlich aufsteigt, daß keine Note verlorengeht; tief unten der See mit seiner ganzen Rundsicht, die Insel Mainau, Konstanz, Münsterlingen, das Thurgau, St. Gallen, auf der einen Seite nur durch die Alpen beschränkt (von denen ich hier noch die *ganze* Tiroler Kette als Zugabe habe), von der andern durch die höchsten Kegel des Hegaus. Es ist eigentlich wunderbar schön, und die Meersburger halten dieses Fürstenhäuschen (auch der Hindelberg genannt) für eine unschätzbare Perle. Mir ist's aber fast zuviel und zauberhaft, und wie ich so droben die ganze Gegend kontrollieren kann, jeden Bürger, der auf die Gasse oder auch nur ans Fenster, jeden Bauern, der in seinen Hofraum tritt, so komme ich mir vor wie der Student von Salamanka, dem der hinkende Teufel die Hausdächer abgehoben hat, und mir ist beinahe sündlich zumute. Vom Häuschen bis zur Chaussee hinunter führt eine Steintreppe mitten durch die Reben, die ich zum Laubengange machen und auf die Hälfte, mittelst zweier Ausbiegungen, mit ein paar niedlichen versteckten Ruhbänken versehen will. Unten ist die Treppe schon durch ein hübsches Gatterpförtchen verschlossen. Ich habe nichts zu tun als die nächsten Rebenreihn aufranken zu lassen und die kleine Rotunde in der Mitte zu besorgen, wozu ich nur drei oder vier Weinstöcke wegzunehmen und die dahinterstehenden zu benutzen habe; in zwei Jahren kann alles dicht und schattig sein. Was sagen Sie dazu?

Die Reben hat der alte Bischof mir aufs beste gewählt, Burgunder, Traminer, Gutedel et cet., und die eine (Sonnen-)Seite des Abhangs bringt solchen Wein, als Laßberg Ihnen vorgesetzt, die andere geringeren. So kann ich also in guten Jahren auf zehn Ohm vortrefflichen und ebensoviel mittelmäßigen Wein rechnen. Grad hinter dem Hause, wo der Schatten desselben den Reben sehr schadet, will ich diese ausroden, den Boden gleichmachen und eine kleine Blumenterrasse [...] bepflanzen lassen. O, Sie sollen sehn, ich mache ein kleines Paradies aus dem Nestchen!

Annette von Droste-Hülshoff, 1843

Das reizvoll auf den Hügeln oberhalb des Neckars gelegene Tübingen geht auf eine alemannische Siedlung aus dem 6. Jahrhundert zurück. Im Vordergrund, am Stadtrand, das damals neue Universitätsgebäude, im Hintergrund Schloß Hohentübingen (Lithographie von Eberhard Emminger, um 1860).

Ludwigsburg, anno dazumal

Während meiner ersten Kindheit regierte noch der Herzog *Carl Eugen*. Er hatte in Ludwigsburg seine Sommerresidenz, und in dieser Zeit füllten sich die weiten menschenleeren Gassen, Linden- und Kastanienalleen Ludwigsburgs mit Hofleuten in seidenen Fräcken, Haarbeuteln und Degen, und mit den herzoglichen Militärs in glänzenden Uniformen und Grenadierkappen, gegen welche die andern wenigen Bewohner in bescheidenen Civilröcken verschwanden. Das prachtvolle Schloß mit seinen weiten Plätzen und Gärten, der nahe Park mit dem sogenannten Favoritschlößchen, die schattenreichen Alleen von Linden und Kastanienbäumen, die in weiten Reihen auf die Stadt zu liefen und selbst in der Stadt die schönsten Schattengänge voll Blüthen und Duft bildeten, der große weite Marktplatz der Stadt selbst, mit seinen Arkaden, waren oft der Schauplatz der Vergnügungen dieses weltlustigen Fürsten, Schauplätze von Festen, die, gedenkt man ihrer in jetziger Zeit, einem nur wie bunte Träume erscheinen. So fanden in der dem Schlosse gegenübergelegenen Favorite die ungeheuersten Feuerwerke statt, mit einem Aufwand, der dem am Hofe von Versailles gleichkam. Auf dem bei der Stadt gelegenen See wurden Feste gegeben, bei denen schöne Mädchen der Stadt als Schneeköniginnen figuriren mußten. In seinen früheren Zeiten schuf der Herzog oft im Winter, in den sein Geburtstag fiel, Zaubergärten, ähnlich denen, die in den Erzählungen von ‹Tausend und eine Nacht› vorkommen. Er ließ in der Mitte des Herbstes über die wirklich bestehenden schönsten Orangengärten von 1000 Fuß in der Länge und hundert in der Breite ein ungeheures Gebäude von Glas errichten, das sie vor der Einwirkung des Winters schützte. In dessen Wänden verbreiteten zahllose Oefen Wärme. Das ganze Gewölbe des großen Gebäudes trug das schönste Grün, und es hing so in der Luft, daß man keinen einzigen Pfosten bemerkte. Da bogen sich Orangenbäume unter dem Gewichte ihrer Früchte. Da ging man durch Weingärten voll Trauben wie im Herbste, und Obstbäume boten ihre reichen Früchte dar. Andere Orangenbäume wölbten sich zu Lauben. Der ganze Garten bildete ein frisches Blätterwerk. Mehr als dreißig Bassins spritzten ihre kühlen Wasser, und 100,000 Glaslampen, die nach oben einen prachtvollen Sternenhimmel bildeten, beleuchteten nach unten die schönsten Blumenbeete.

Oben: Die Klosterkirche von Bebenhausen. Sie gehört zur 1187 gestifteten Zisterzienserabtei (Aquarell von 1852). – Unten: Die Westfassade des romanisch-gotischen Münsters Unserer Lieben Frau in Konstanz (Stahlstich, um 1850). – Mitte oben: Von Friedrichshafen aus befuhren ab 1824 die ersten Raddampfer den Bodensee (zeitgenössische Lithographie). – Rechts: Das Christophsbad in Göppingen, das ehemalige, schon im 15. Jahrhundert bekannte Sauerbrunnenbad, das von Herzog Christoph von Württemberg um das Jahr 1560 erweitert und umgebaut wurde (kolorierte Radierung, um 1820).

Links: Das Ulmer Rathaus wurde im Jahr 1370 als Kaufhaus der Weber, Krämer und Sattler errichtet. Erst 1419 zogen die Ratsherren der Stadt ein. – Oben: Blick vom linken Rheinufer auf die Stadt Mannheim (kolorierte Lithographie von Laurent Isidore Deroy, um 1845, 28 x 39,5 cm, Reiß-Museum, Mannheim). – Mitte: Die Saline Clemenshall am Neckar (1829). – Unten: Das erste bedeutende Bauwerk der Renaissance in Deutschland war der zwischen 1513 und 1529 entstandene Heilbronner Kiliansturm, der Westturm der gotischen Kilianskirche (rechts). Heute ist er das Wahrzeichen der Stadt. In Teilen noch älter ist das Rathaus auf der Nordseite des großzügig angelegten Marktplatzes (links) mit seiner Freitreppe und seiner berühmten Kunstuhr (1579/80) von Isaak Habrecht (siehe auch Seite 120).

Gelehrte und Erfinder aus den Regionen Baden-Württembergs.

Oben, von links nach rechts: Der Volkswirt Friedrich List (1789–1846). Er machte sich etwa um die Entwicklung des deutschen Eisenbahnnetzes verdient (Lithographie von 1845). – Ferdinand Graf von Zeppelin (1838–1917; Foto, um 1910). – Robert Bosch (1861–1942), der als Elektrotechniker und Industrieller zu Ruhm und Ansehen gelangte (Foto, um 1925). Der Ulmer Physiker Albert Einstein (1879–1955; Foto, um 1954).

Mitte links: Auf die Laufmaschine von Karl Friedrich Drais (1785–1851), die sogenannte Draisine, geht das Fahrrad zurück (Lithographie von 1891).

Mitte rechts: Mit seinem von einem Benzinmotor angetriebenen dreirädrigen Wagen schuf Carl Benz (rechts; 1844–1929) das erste entwicklungsfähige Kraftfahrzeug (Foto, um 1887).

Unten: In der Endmontagehalle der 1904 in Betrieb genommenen Produktionsanlagen der Daimler-Motoren-Gesellschaft in Untertürkheim wird letzte Hand an die Mercedes-Wagen gelegt, die sich schon nach kurzer Zeit großer Beliebtheit erfreuten (Foto von 1912).

Im 19. Jahrhundert entwickelte sich die alte Reichsstadt Esslingen zu einem bedeutenden Industriestandort; dazu trug nicht zuletzt die von Emil Kessler 1846 gegründete Maschinenfabrik bei, in der berühmte Lokomotiven wie die «Kopernicus» gebaut wurden.

In diesem Zaubergarten nun wurden die großartigsten Spiele, dramatische Darstellungen und Ballete und Tonstücke von den größern Meistern damaliger Zeit ausgeführt. Das war noch die Zeit der *stürmischen* Periode dieses Herzogs, wo er bei einem solchen Feste einmal in weniger als fünf Minuten für 50,000 Thaler Geschenke in geschmackvollen Kleinodien an die anwesenden Damen austheilte.

Auf dem großen Marktplatze, auf dem die Oberamtey, das Haus meiner Geburt, stand, wurden venetianische Messen gehalten. Der große Marktplatz war zeltartig mit Tüchern bedeckt, Verkäufer und Käufer waren maskirt. Es war ein buntes Getümmel von Masken, welche die tollsten Aufzüge und Spiele ausführten, worunter nicht das stärkste ein riesenhafter Heiducke des Herzogs war, der in die Maske eines Wickelkindes gekleidet, in einer Wiege herumgeführt und mit Brei von einer Amme, die ein Zwerg war, gespeis't wurde. Von den Fenstern des Oberamteygebäudes konnte man den Marktplatz am besten überschauen, daher nahm der Herzog in solcher Zeit mit seiner Gemahlin Franziska den Aufenthalt daselbst. ...

Etwas heller blieb in meinem Gedächtnisse ein Mann, der zu jener Zeit und auch noch später öfter unser Haus besuchte und um dessen Stock, um auf ihm zu reiten, sich oft meine Brüder schlugen. Es war eine kräftige Gestalt mit großen Augen, einer etwas aufgestülpten Nase und einer toupetartigen Frisur, ein Mann mit lebhaften Bewegungen und kräftiger Stimme, der Dichter *Schubart.* Er war ein Jahr nach meiner Geburt von seiner zehnjährigen Gefangenschaft befreit und zum Hofdramaturgen in Stuttgart ernannt worden, wo er dann *Ludwigsburg*, seinen frühern Wohnort, und meinen Vater, hielt sich der Hof und das Theaterpersonal in Ludwigsburg auf, öfter besuchte. ...

Justinus Kerner, 1849

Das Luftschiff «Graf Zeppelin» bei seinem ersten Aufstieg über den Bodensee am 20. Juni 1908. Seit der Jahrhundertwende wurden ingesamt 139 derartige Starrluftschiffe im Auftrag des Grafen von Zeppelin gebaut. Sie waren bis zu 245 Meter lang und mit einem Füllvolumen von bis zu 200 000 Kubikmetern ausgestattet; ihr stoffüberzogenes Innengerüst bestand aus Leichtmetall.

Die Schwäbische Alb

Aus der Ferne gesehen, hat diese Gebirgskette etwas Trauriges und Einförmiges, vielleicht schon darum, weil sie uns hier die Schattenseite zukehrt: die ganze schroffaufsteigende Bergeswand, schwarzblau von der Entfernung gefärbt, bildet am Horizont eine gerade Linie, die nur wenige, kaum über die Bergfläche sich emporhebende Gipfel unterbrechen: dem verweilenden Blicke theilt sie sich bald in eine Menge aneinander gereihter Särge, mit welchen hie und da eine Kegelform, noch seltner eine Halbkugel wechselt; kein Fluß am Fuße belebt und mildert den Anblick, waldige Hügel bilden fast allenthalben den Vorgrund des Gebirges, bis zum Neckar, der wiederum von Hügeln bedeckt ist, die hinansteigend sich herwärts bald in eine Fläche von Feld oder Wald verlieren, je nachdem der Beschauer einen Standpunkt gewählt hat.

Aber wenn die Luft nicht dünstig, der Horizont an den Bergen blau ist, und die Abendsonne einen Strahl auf diese Ferne wirft, so erheitert und belebt sich bald das Gemälde.

Die dunkle Farbe des Gebirgs wird in ein durchsichtiges Blau verklärt, über das der Sonnenschein eine leichte Röthe gießt, in der bald mehr Wechsel der Formen hervortritt, als das Auge früher geahnet. Sie hält uns die reichen Buchenwälder, von welchen diese Berge bis zu ihren obersten Höhen umkleidet sind, schimmernd entgegen, zeigt dem Blicke den Anfang mannigfaltiger Thäler, die sich zwischen den mehr und mehr vom ganzen Bergeszug abgelösten Massen eröffnen, bescheint, wo die Vorhügel einen Durchblick gewähren, die schmucken Städte und Dörfer, die üppigen Obstwälder, die sich am Fuß der Alb hin, und in die Thäler bergein ziehn, beglänzt die Kalkfelsen, mit welchen die Höhen übersäet sind, und vergoldet die wenigen Gipfel des Gebirges, auf welchen sie uns vorher unbemerkte Schlösser und Burgen zeigt. Bei diesem letztern Anblicke gesellt sich nun zu dem lautern Naturinteresse auch noch das alterthümliche und geschichtliche; und wenn dem Betrachtenden hier und dort ein Bauer, auf die goldnen Bergspitzen deutend, die Namen Hohenzollern, Achalm, Urach, Neufen, Teck, Hohenstaufen, Rech-

Der im württembergischen Grunbach geborene Flugzeugbauer Ernst Heinkel (1888–1958) vor einer Schautafel mit Flugzeugtypen und Triebwerken aus seiner Produktion. Nachdem er 1911 einen Absturz mit seinem ersten selbstgebauten Flugzeug überlebt hatte, gründete er elf Jahre später die Ernst-Heinkel-Flugzeugwerke in Warnemünde (Foto, um 1950).

berg, Rosenstein zu nennen weiß, so mag seine Phantasie wohl noch ein zweites Leben aus der Vergangenheit über diese Bergkette heraufbeschwören, die schon von der Gegenwart der Abendsonne so schön belebt vor seinem Blicke sich hebt.

Gustav Schwab, 1878

Der Brunnen im Maulbronner Kreuzgang

Nach zweiundzwanzig Jahren fuhr ich zum erstenmal wieder mit der kleinen Bahn durch die sommerlichen Waldhügel der Maulbronner Gegend, stieg an der verschlafenen Haltestelle aus und wanderte durch den feuchten Wald nach Maulbronn hinüber. Ich roch den bitteren Laubgeruch, ich sah zwischen Buchenzweigen den Elfinger Berg und den runden Eichenhügel über Weinbergen und die Spielplätze meiner Schülerzeit liegen, ich sah im warmen Dampf des Tales hinter Lindenwipfeln die spitze Turmnadel erscheinen und ein Stück vom langen Kirchendach, und es strömte mir aus hundert plötzlich brechenden Dämmen unsagbares Gefühl des Wiedersehens entgegen, Erinnerung, Mahnung, Reue. Bangigkeit des Altgewordenen, tiefe Liebe, aufgeschreckte Sehnsucht auf flatternden Flügeln taumelnd. […]

Und in der schwülen Hitze niedersteigend nahm ich mein Herz zusammen und schritt in festem Takt, an der alten Post vorüber durchs Tor hinein, auf den Klosterplatz und über ihn weg den Linden, dem Brunnen und dem «Paradies» entgegen, sah Platz und Gebäude in seliger Halbwirklichkeit stehen, genau nach dem Bilde meiner Erinnerung gestaltet, hörte warm und dumpf in den blühenden Linden Bienenvölker sumsen, trat unterm hohen runden Bogen durch ins «Paradies», stand überrascht von regungsloser Steinkühle umwittert, trank tief den ernsten Wohllaut der Fensterbogen und schlanken lebendigen Pfeiler, sog kalte Klosterluft in tiefem Zug und wußte plötzlich alles, alles wieder, jede Treppe und Tür, jedes Fenster, jede Stube, jedes Bett im Schlafsaal, den Geruch des Gartens und den der Klosterküche und den Ton der Morgenglocke!

Es war alles wieder da, es fehlte nichts, ich konnte hier blindlings weiter gehen und jeden Weg im Dunkeln finden wie vor zweiundzwanzig Jahren. Ich atmete befreit die süße Seltsamkeit – Heimatluft, dem Heimatlosen und Wanderer so selten, so ganz und gar neu! Als wäre eine längst zerbrochene und beiseit gestellte Kostbarkeit über Nacht wieder ganz und schön und mir zu eigen geworden. Als stünden liebe Tote neben mir und sähen mir in die Augen, lächelnd, daß ich sie tot geglaubt. Als wäre nun alles wieder vorhanden, was die fern und fabelhaft gewordene Jugend einst so vertrauensvoll und tröstlich und reich gemacht: ein Vaterhaus, eine Mutter, Kameraden, phantastisch lockende Zukunft.

Vom ersten Rausch genesen ging ich später weiter, dahin, dorthin, ohne Eile, kleine vertraute Gänge im Frieden der wohlbekannten Nähe. Überall lebendige Erinnerung, und hinter ihr, wie Reste alter Bilder hinter späterem Verputz, hier und dort Reste tieferer Erinnerung aufleuchtend, Bruchstücke unbewußten Seelenlebens von damals, überwuchertes Fortklingen tiefster Erlebnisse aus der sagenhaften Knabenzeit, da noch Unerhörtes zu erleben und Ungeheures zu erproben war. Wohin ist das alles? Was ist daraus geworden? Wenig, wenig.

Aber eins hatte ich vergessen, das kam erst zu seiner Stunde wieder hervor.

Da drehte ich, zur Zeit wo niemand sonst die verschlossenen Teile des Klosters betreten darf, leise den dicken Schlüssel in der schweren Tür und öffnete behutsam die Pforte zum Kreuzgang. Auch hier nichts, was nicht im Gedächtnis treulich vorgezeichnet lag: gotisches Gewölb und reiches Fensterwerk, rötliche und graue Steinfliesen mit gemeißelten Grabsteinen dazwischen, Wappen und Abtstäbe, geheimnisvoll verwitterte Farbenflecke im alten Verputz, zwischen steinernen Fensterkreuzen in beruhigtem Licht das satte Grün der Gebüsche, zwei, drei Rosen dazwischen zärtlich und traurig leuchtend.

Nun aber, da ich gegen die Ecke schritt, klang mir eine selig seltsame Musik entgegen, leichte traumhafte Geistertöne mehrstimmig in versunkener Monotonie, nicht fern und doch nah, wundersam und selbstverständlich, als klänge die Harmonie des Bauwerks ernst und innig in sich selbst wider.

Ich tat noch einen Schritt, und zwei, eh' der Klang mein Bewußtsein erreichte. Da stand ich still und mein Herz begann zu zittern, und wieder tat die Erinnerung feierliche Tore auf, höhere, heiligere als zuvor, und ich wußte wieder! Du Lied meiner Jugendzeit! Kein Ton der Welt, kein heimatliches Kirchengeläut und keine Menschenstimme von denen, die noch leben, spricht so zu mir wie du, Lied meiner Jugend, und dich hatte ich vergessen können! Verwirrt und beschämt trat ich dem Wunder näher, stand am Eingang der Brunnenkapelle und sah im klaren Schatten des gewölbten Raumes die drei Brunnenschalen übereinander schweben und das singende Wasser fiel in acht feinen Strahlen von der ersten in die zweite Schale, und in acht feinen klingenden Strahlen von der zweiten in die riesige dritte, und das Gewölbe spielte in ewig holdem Spiel mit den lebendigen Tönen, heut wie gestern, heut wie damals, und stand herrlich in sich begnügt und vollkommen als ein Bild von der Zeitlosigkeit des Schönen.

Viele edle Gewölbe haben mich beschattet, viele schöne Gesänge mich erregt und mich getröstet, viele Brunnen haben mir, dem Wanderer, gerauscht. Aber dieser Brunnen ist mehr, unendlich mehr, er singt das Lied meiner Jugend, er hat meine Liebe gehabt und meine Träume beherrscht in einer Zeit, da jede Liebe noch tief und glühend, da jeder Traum noch ein Sternhimmel voll Zukunft war. Was ich vom Leben hoffte, was ich zu sein und zu schaffen und zu dulden dachte, was von Heldentum und Ruhm und heiliger Künstlerschaft meine ersten Lebensträume erfüllte und bis zum Schmerz mit Fülle überquoll, das alles hat dieser Brunnen mir gesungen, das hat er belauscht und beschützt. Und ich hatte ihn vergessen! Nicht die Kapelle mit dem Sterngewölb und den überschlanken Fenstersäulen und nicht die Brunnenschalen und die lichte grüne Garteninsel inmitten der schweigenden Mauern. Aber das Brunnenlied, den süßen gleichschwebenden Zaubergesang der sanft herabfallenden Gewässer, den Hort und Schatz meiner frühesten und reinsten Jünglingssehnsucht, ihn hatte ich vergessen. Und stand nun still und traurig im

Forschung und Entwicklung in den Bereichen Medizin und Gentechnologie, Mikroelektronik, Laser- und Raumfahrttechnik sichern dem High-Tech-Land Baden-Württemberg seinen Platz in der modernen Industrielandschaft.

Links: Leiterplattenfertigung im Sindelfinger IBM-Werk.

Rechts oben: Einer der Forschungsschwerpunkte des Stuttgarter Fraunhofer-Instituts für Produktionstechnik und Automatisierung ist die Weiterentwicklung der Virtual Reality Simulation, der elektronisch simulierten, sogenannten künstlichen Wirklichkeit.

Rechts unten: In einem Labor des deutschen Krebsforschungszentrums in Heidelberg – Präparationsverfahren für Gewebeschnitte, die verschiedene Farblösungen durchlaufen.

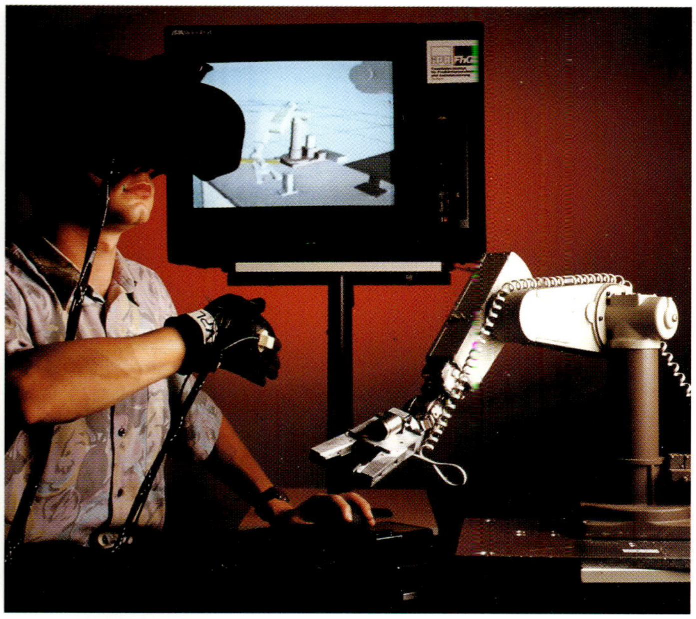

vertrauten Heiligtum und fühlte jede Sünde und jeden Verderb in mir tief und unauslöschlich, und hatte nicht Heldentum noch Künstlerschaft erworben, die an jenen Träumen zu messen wäre, und wagte nicht, mich über den Rand zu beugen und mein eigenes Bild im dunkeln Wasser zu suchen. [...]

Dann setzte ich mich noch einmal unter den hohen Linden nieder, stieg noch einmal zum alten Spielplatz bei der Eiche hinauf, schwamm noch einmal im tiefen See und reiste wieder, und wenn ich seither an Maulbronn denke, dann sehe ich wohl den Faustturm und das «Paradies», den Eichenplatz und den spitzen Kirchturm wieder, aber es sind nur Bilder, und sie kommen nicht recht zu Glanz und Leben vor dem sanften Brunnengeläut in der Kreuzgangkapelle und vor jenen Erinnerungen, die hinter den anderen Erinnerungen stehen wie die Reste alter heiliger Malereien hinter der Tünche einer Kirchenwand.

Hermann Hesse, 1914

Erinnerungen an Baden-Baden

Welch eine sonderbare abgesunkene Welt, die der Kindheit in Baden-Baden! Es ist das letzte Jahrzehnt vor dem ersten Weltkrieg. Noch fahren die Viererzüge durch die Allee; von den die Berge erklimmenden Straßen tönen die Hörner der Lakaien herab. Die russi-

Präzision und Gründlichkeit auf der Basis eines soliden Handwerks begründeten den Weltruf des Uhrenherstellers Kienzle in Schwenningen (Foto, um 1914).

Nicht nur die Konkurrenz von Industriewaren, sondern auch der Holzmangel durch zunehmende Waldschäden bedrohen das Holzhandwerk, das früher vor allem im Schwarzwald von besonders großer Bedeutung war.

Links: In einer Küferei (Foto von 1908).

Rechts: Ein Rechen- und Gabelmacher in seiner Werkstatt (Foto von 1908).

schen Fürsten geben Gartenfeste in ihren Villen, zu denen sie von ihren Gütern Männer und Frauen in ihren Volkstrachten kommen lassen. Die Großherzogin Luise, die Tochter Wilhelms I., eine kleine Dame im Witwenschleier mit friderizianischen Zügen, fährt freundlich nickend durch die Straßen oder sie ergeht sich ohne Begleitung unter den Edelkastanien am Schloßberg. Die Franzosen feiern den Tag der Revolution, die Amerikaner den der Unabhängigkeit, die Deutschen mit Feuerwerken die Geburtstage ihrer Landesfürsten. Vor dem Kurhaus drängen sich die Menschen: Caruso – singt. Während der «Großen Woche» wehen von den Hotels die Fahnen aller Völker diesseits und jenseits des Meeres. Graf Zeppelin ist auf einem der umkränzten Wagen des Blumenkorsos zu sehen; schon läßt der Fürst von Fürstenberg statt der vornehmen Pferdewagen ein Auto schmücken für den Zug. Ich glaube, es stellte ein Schiff dar aus orangefarbenen Gladiolen; gewiß hat es den Preisrichtern – Herren des Kurkomitees und des Stadtrats, die vor dem alten Theater auf einem Podium standen – den ersten Preis abgenötigt, ein seidenes, mit Bändern und Fransen geziertes Banner. Im Winter wurde das Kurbad zur bescheidenen Kleinstadt, in der sonderbare Menschen ihr behagliches Dasein führten, plötzlich aber, ohne sich von den Stammtischfreunden zu verabschieden, nach Nizza fuhren, um den südlichen Vorfrühling zu genießen, oder zum Spiel nach Monte Carlo. Um die leeren Hotels, die Pensionen und Gärten wehte eine bedrückende Melancholie. Gegen Ostern begannen Scharen von Hausdienern in grünen Schürzen die Teppiche und Matratzen zu klopfen und zu sonnen; die Läden wurden aufgestoßen, die Fenster geputzt. Knapp vor den ersten Gästen zogen die italienischen und französischen Köche, die Portiers und Pagen ein. So kreisten die Jahreszeiten, dann und wann von einem verdächtigen Zeichen gestreift ... An einem Winterabend erschoß der Karlsruher Rechtsanwalt Hau seine Schwiegermutter vor unserem Garten; die tödlich Verwundete wurde in unser Haus getragen; ich sehe noch immer die blutbefleckte Eck-Causeuse, auf der sie gestorben ist.

Als der Krieg ausbrach, wurden tagelang die edlen Pferde aus den Villen durch die Allee zur Sammelstelle geführt. Nie mehr sollten die Ställe besetzt werden. Die Welt, die ich für fest gehalten, versank unwiderruflich und mit ihr der Patriotismus des Siegesläutens und der Kaiser-Geburtstagsfeiern.

Reinhold Schneider, 1953

Revolution in Karlsruhe

Der Schloßgarten in Karlsruhe ist schattenreich, mit großen Wiesenflächen und einem quakenden Teich. Ein Junge hat sich dort erschossen, ein halbes Kind noch, er kommt in einem Buche vor, aber für mich ist er wirklich, für mich hat er gelebt. Die großherzoglich-badische Familie nannte man bei Hofe die Herrschaften, und als im Herbst 1918 ein Matrose sich mit einem Maschinengewehr vor dem Schloß aufstellte, wurden die Herrschaften von ihren Hofdamen und Hofherren überredet, das Schloß durch einen Hinterausgang zu verlassen, was gewiß die alte Preußenprinzessin Luise nur mit äußerstem Widerstreben tat. Ich war nicht dabei, nicht einmal in der Nähe, aber ich kann mir vorstellen, wie es da zuging, das Hinundherlaufen und eilige Packen, und draußen auf dem Schloßplatz, dem Kern der Fächerstadt, dieser eine Mann mit der roten Fahne, in der binnenländischen, süddeutschen Residenz schon als Matrose eine exotische und furchterregende Gestalt. Aber auf den Schiffen hatte es eben angefangen, die Meuterei, aus der eine Revolution nicht geworden ist, nur daß die Herrschaften verschwanden, auf leisen Reifen, durch den schon entlaubten Park. Ein historischer Augenblick, der mich nicht sonderlich bewegte, ich hielt es mit dem Aufrührer, der von so weit hergekommen war, um die Mündung seines Maschinengewehrs auf die alte Zeit zu richten, mit dem Sozialismus, ich und meine Altersgenossen, wir fanden es in Ordnung, daß die Welt unserer Kindheit unterging.

Marie Luise Kaschnitz, 1973

Über Heimat

Heimat – das ist ein vertracktes Thema. Leicht läßt es sich anschlagen und ebenso leicht falsch spielen. Wie oft ist Heimat verraten worden von politischen Menschenfängern, wie oft wurde sie verhöhnt in billigen, sich anbiedernden Liedern und Geschichten. Im Grunde sollten wir ohne Beschwernis und Beschwerde über sie reden können, denn schließlich hatten wir sie alle einmal. Ob wir sie noch haben, hat mit unserer individuellen und sehr häufig mit der Geschichte überhaupt zu tun.

Also muß ich gleich zu Beginn warnen. Es soll uns nicht heimelig werden. Doch ebenso wenig unheimlich. Ich will uns nur das Allzugeläufige, Beschönigende ausreden, die Bodenlosigkeit eines Begriffs vorführen, auf den sich Häuser, Schlösser, Reiche bauen ließen und der gleichermaßen Verlust bezeichnet, Abwesenheit, Einsamkeit, Armut; der einen herzigen Wiesenrain umschreibt, wie den vom Geist eroberten Himmel – und der oft doch nur dazu taugte, ein bewegungsloses Dasein zu beschönigen.

Diese Heimat meine ich nicht, und die meinte auch jener nicht, den ich als ersten auftreten lasse. [...]

Schiller ist vor einigen Wochen nach Hause gekommen, und doch nicht. Er probiert die Heimkehr, prüft sich an seiner Vergangenheit. Sie schließt die Kindheit kaum ein, denn vor alle vergangenen Bilder, die einfach und nah sein könnten, schiebt sich *eine* Szene: Damals, Schiller war immerhin schon dreiunddreißig und approbierter Arzt, hatte Herzog Karl Eugen, verärgert über den Mannheimer Erfolg der *Räuber*, ihm das «Komödienschreiben» verboten. Der Reglementierte war Hals über Kopf geflohen.

Ein Schnitt, und vorerst nichts als der sich ankündende Ruhm. Kein Blick zurück. Keine Liebe, die ihn hielt. Keine Bande, die rissen. Ein neues Leben – das war der Vorsatz. Allmählich fingen die verdrängten Bilder zu schmerzen an, unausgesprochen wie sie blieben. Aber will er sich wirklich, nach elf Jahren in Leipzig, Dresden, Weimar, Jena, nachdem er weimarischer Hofrat und französischer Ehrenbürger geworden war, im Schwäbischen niederlassen? Er sendet sein Pathos voraus: «Die Liebe zum Vaterlande ist sehr lebhaft in mir geworden, und der Schwabe, den ich ganz abgelegt zu haben glaubte, regt sich mächtig.»

Doch er bleibt vorsichtig genug, um zusammen mit Charlotte, in Heilbronn abzuwarten, wie der Herzog – es ist noch immer Karl Eugen – auf seinen Besuch reagieren werde. Dreimal schreibt Schiller ihm. Dreimal bekommt er keine Antwort. Dem Schriftsteller, der so oft über die dialektische Spannung von Stolz und Demütigung nachgedacht und sie in grandiosen Zweikämpfen sichtbar gemacht hat – Maria Stuart und Elisabeth; Johanna von Orleans und der Dauphin – diesem Mann wird nun mitgespielt wie in einem seiner Dramen. Karl Eugen selbst läßt sich nicht herab, den berühmten Flüchtling zu empfangen. Schiller hört von Fremden, der Herzog habe sich vorgenommen, ihn zu ignorieren. Das ist alles. Da es ihn für den Fürsten nicht gibt, kann er also unter dessen Augen in Ludwigsburg eine Wohnung nehmen. Kalt weht ihn der Wind aus dem Ländle an.

So seh ich ihn stehen. Fröstelnd, die mageren Schultern zusammenziehend. Er war sehr krank gewesen, ein schwerer Malariaanfall hatte ihn geschwächt. Wie isch's? möchte ich ihn fragen, fühlet Se sich drhoim, Herr Hofrat?

Wer traut sich einen anzusprechen, der unterwegs ist, auf dem Umweg über eine verlorengegangene Kinderstadt, zu einer erdachten Heimat?

Da lenkt ohnehin ein anderer meine Aufmerksamkeit auf sich. Schiller kann ihn, der sich klein und knitz hinter ihn geschoben hat, nicht kennen. Die Zeit hält sie auseinander. Mir aber ist er durchaus bekannt, als älteren Herrn hat man ihn sogar fotografiert. Er ist hier in Ludwigsburg zur Welt gekommen, und nach dem Theologiestudium auf dem Tübinger Stift hat er sein Land in einem denkwürdigen beruflichen Mäander durchmessen, ein Launischer, ein Unzufriedener, der wie kein anderer Sätze in Glück tunken kann, ein treuer Freund, der vor der Liederkranz-Mentalität seiner Umgebung schon früh ins unheimlich Schöne entwischt und ihr, wie alle, die man nicht halten kann, seinen besseren Traum entgegensetzt: «Du bist Orplid, mein Land.»

Zum Kreis um den Maler Adolf Hoelzel, der von 1906 bis 1919 als Professor an der Stuttgarter Kunstakademie lehrte, gehörten die Stuttgarter Oskar Schlemmer (1888 bis 1943) und Willi Baumeister (1889 bis 1955).

Links oben: Oskar Schlemmer, «Frauenschule» (1930, Gemäldegalerie Dresden). Zu den Stilmerkmalen im Werk Schlemmers, einem der führenden Bauhaus-Künstler, gehört die geometrisierende Konzeption von Figuren, Flächen und Räumen.

Links unten: Entwurf einer Figurine für Oskar Schlemmers «Triadisches Ballett», das 1922 in Stuttgart uraufgeführt wurde (Württembergisches Landesmuseum, Stuttgart).

Rechts oben: Willi Baumeister, «Figur mit Streifen auf Rosa III». Öl, Sperrholz und Sand auf Holz fanden bei diesem Bild aus dem Jahr 1920 Verwendung (Archiv Baumeister, Stuttgart).

Rechts unten: Rudolf Schlichter, «Sitzende Jenny». Der 1890 in Calw geborene Maler, ein Mitglied der Berliner Dada-Gruppe, schuf sozialkritisch-satirische Werke, die denen von Otto Dix und George Grosz verwandt sind (um 1922, Berlinische Galerie, Berlin).

Hend Se sich wiederg'fonde, Herr Doktor Mörike, isch nix me so, wie's war? Ich kümmere ihn nicht. Er hat sich neugierig jenem vornehm gekleideten Herrn zugewendet, der mit derbem Hochmut sich eine Gasse durch die Zuhörerschaft bahnt, ohne nach links oder rechts zu sehen.

Er kommt aus Berlin. In Wahrheit hat er das Land seiner Jugend, seines stürmischen Aufbruchs, nie mehr besucht. Nur ungern erinnert er sich der Studentenschwärmereien auf dem Tübinger Stift. Hitzköpfe, wie er einer war, sind ihm längst suspekt. Alle diese Höhenflüge, ungeordnet, ohne jegliches System, die Antike, dazu Bengel und Oetinger und die ersonnene schwäbische Republik. Von seinen Freunden hatte er sich mit einem hochgemuten, ins Ewige zielenden «Reich Gottes» verabschiedet. Nun, wenn er daran denkt, schmerzt ihn die einstige Zuversicht. I fürcht, Sie fühlet sich deplaziert, Herr Professor Hegel – oder net?

Zu ihm, mit dem er das «Reich Gottes» hat aufrichten wollen, blickt Hegel gar nicht hin. Da rührt sich sein Gewissen. Zwar hat er ihn nicht vergessen, doch gekümmert hat er sich nicht um ihn. Hölderlin steht da, als hätte er nie eine Hilfe nötig gehabt, ruhig und selbstverloren. Bald wird er das Land verlassen, zum ersten Mal. Schiller hat ihm eine Stelle vermittelt, bei Charlotte von Kalb. Noch ist er voller Erwartung, noch stellt er sich und den andern nicht die jede Herkunft und jedes Ziel vergessende Frage: «Wohin denn ich?»

Derf i Sia auf em Hoimweg nach Nürtinge begleite, Herr Magister Hölderlin? Er ist schon fort. Sonst wäre ihm der noch begegnet, den er bewundert und auch einmal besucht hat, dieser aus allen Fugen geratene Kerl. Sein Anzug ist in Unordnung, er riecht nach Wein und Tabak, torkelt. Sein Gesicht ist rot angelaufen und seine Augen schwimmen in Tränen, die andere für ihn hätten weinen sollen. In Ludwigsburg hat er, als *Höfling*, gewohnt und auf Ludwigsburg hat er, als *Häftling*, hinuntergeschaut. Nun, nach zehn Jahren Kerker, versieht er, ohne sich groß anstrengen zu müssen, in Stuttgart sein Amt als Operndirektor. Ein Geschöpf der fürstlichen Gnade. Sie hat ihn gejagt, sie hat ihn gefangen, sie hat ihn gequält und sie hat ihn in eine Freiheit entlassen, die er sich nicht mehr erlaubt.

Woischt, Schubart, wenn i di so aguck, frag i mi, von welchem Vaterland, von welcher Hoimat du elleweil gfaselt hascht – frage ich mich, wie ihr, ihr Nestflüchter und Nestbeschmutzer, ihr Vertriebenen und Gejagten, ihr Ruh- und Heimatlosen mir helfen könnt, auf den Begriff und die Erfahrung Heimat zu kommen.

Immerhin habt ihr euch von ihr entfernen müssen, um ihr, wenn überhaupt, nahezukommen. [...]

Und ich? Wie komme ich gerade dazu, über Heimat zu schreiben, ein Hergelaufener, Hergetriebener, einer der in seiner Kindheit Orte und Landschaften wechselte, der sich an nichts halten konnte, für den das Erste schon immer das Nächste war? Ich habe Heimat mit dem zweiten Blick und mit der zweiten Sprache gewonnen. Ich konnte, als Zwölfjähriger, in den morgendlichen Zustand zurückfallen, weil ich nichts hatte. Als ich aus dem Güterwaggon, der zufällig in Nürtingen abgekoppelt worden war, die Alb sah, las ich die Urschrift meiner Landschaft. Und von diesem Augenblick an war es ohne Belang, ob mich die Stadt ganz aufnehmen würde. Sie tat es nicht. Ich mußte ohne die wärmende Enge des Anfangs auskommen, mußte mich durchsetzen, wehren. Ich mußte es mit dem aufnehmen, was ich heimlich liebte und lauthals schmähte. Die Sprache half mir. Ich lernte den Dialekt, das Schwäbische. Ich lernte Sprache neu. Ich stahl mich, allein gelassen, ins Ursprüngliche zurück. Das war mein Glück. Denn ich begriff den Dialekt als Widerstand gegen die besserwisserische, mich zurechtweisende Hochsprache. Ich kämpfte mit Wörtern, die mich schlau und kräftig werden ließen. – Ich war zum erstenmal daheim und begann zu spüren, was fortgehen bedeutet. Ich ging wieder fort und weiß darum, was Heimat sein könnte.

Peter Härtling, 1982

Am ruhigen Wasserlauf der Oberen Donau, nicht weit von Kloster Beuron. Im Hintergrund die für den Schwäbischen Jura charakteristischen schroffen Kalkfelsen.

Nächste Doppelseite: Nördlich von Burladingen auf der Schwäbischen Alb erhebt sich der waldbestandene Kegelberg Kornbühl (886 Meter) mit der Salmendinger Kapelle, einer Wallfahrtskirche aus dem Jahr 1507.

Der von Weinranken dicht überwachsene Hölderlinturm (links), einst Teil der alten Stadtmauer «Zwingel», am malerischen Neckarufer in Tübingen. Der in geistige Umnachtung gefallene Dichter Hölderlin hatte ihn in der Obhut eines Schreinermeisters 36 Jahre lang bewohnt.

Das Schloß von Sigmaringen auf einem steilabfallenden Felsblock am Donauufer. Von der ursprünglich mittelalterlichen Burganlage ist noch der Bergfried aus dem 12. Jahrhundert erhalten. Der Münchner Hofarchitekt Emanuel von Seidl verlieh dieser Residenz der Fürsten von Hohenzollern-Sigmaringen nach einem Brand im Jahr 1893 ihr heutiges Gesicht.

Schloß Lichtenstein auf der Schwäbischen Alb, Inbegriff deutscher Burgenromantik. Inspiriert von dem 1826 erschienenen gleichnamigen Ritterroman Wilhelm Hauffs, ließ Graf Wilhelm von Württemberg die Burg mit dem hochaufragenden Turm 1840/42 auf einem steilen Felsen über dem Echaztal erbauen.

Nächste Doppelseite: Eine Perle des oberschwäbischen Barock ist die ehemalige Abteikirche des Benediktinerordens in Zwiefalten. Sie wurde nach den Plänen von Johann Michael Fischer zwischen 1744 und 1765 erbaut. Besonders eindrucksvoll ist der großzügige Innenraum mit den vergoldeten Stuckverzierungen und der prachtvollen Deckenausmalung.

Der Neptunbrunnen am Tübinger Marktplatz vor dem prachtvollen, um das Jahr 1435 erbauten Rathaus mit seinen Sgraffitomalereien (1876). Die ursprünglich steinerne Neptunfigur wurde 1946 bis 1948 durch einen Bronzeguß ersetzt.

Karlheinz Fuchs

Städte und Landschaften, Geschichte und Kultur

Allgemeine Informationen

Politische Gliederung. Mit einer Fläche von 35 751 Quadratkilometern ist Baden-Württemberg nach Bayern und Niedersachsen das drittgrößte Bundesland. Landeshauptstadt ist Stuttgart.

Das Land ist in vier Regierungsbezirke untergliedert: Nordwürttemberg, Nordbaden, Südbaden und Südwürttemberg.

Seit der Gebietsreform (1970–1975) zählt das Land 1111 Gemeinden, 35 Land- und neun Stadtkreise. Der einzige nicht großstädtische Stadtkreis ist Baden-Baden, der wie eine Enklave im Landkreis Rastatt liegt.

Das Land im Südwesten der Republik verfügt über 1600 Kilometer gemeinsame Grenzen mit drei Staaten und ebensovielen Bundesländern: 180 Kilometer Grenze zu Frankreich, 320 zur Schweiz und eine nicht festgelegte Grenze auf dem Bodensee zu Österreich, 860 Kilometer Grenzverlauf trennen Baden-Württemberg von Bayern, 170 von Hessen und 90 von Rheinland-Pfalz.

Landschaftliche Gliederung. Baden-Württemberg gliedert sich in vier große Landschaftsräume. Von Westen nach Osten gesehen sind dies das Oberrheinische Tiefland zwischen Basel und Mannheim, der Schwarzwald mit dem südlichen Odenwald, das südwestdeutsche Schichtstufenland und das Alpenvorland (im Südosten).

Der Oberrheingraben ist vor etwa 45 Millionen Jahren zwischen Schwarzwald und Vogesen eingesunken und wird heute von einer dreieinhalb Kilometer hohen Schicht aus Meeresablagerungen, Süßwassersedimenten und mit Sand überwehten Rheinschottern bedeckt. Auf diesem Untergrund stocken zwischen Kaiserstuhl und Mannheim noch bemerkenswerte Auwaldreste (Taubergiessen, Reißinsel). Die Oberrheinebene ist etwa 40 Kilometer breit und liegt auf einer schiefen Ebene, die von Basel (270 Meter) nach Mannheim (100 Meter) abfällt. Zwischen dem Oberrheinort Grissheim (220 Meter) und dem auf gleicher geographischer Höhe gelegenen Feldberg (1493 Meter), beide nur 30 Kilometer Luftlinie voneinander entfernt, ergibt sich das markanteste Längsschnittprofil des Landes mit immerhin 1250 Metern Höhenunterschied. Auch klimatisch existieren zwischen Hochschwarzwald und Oberrhein die deutlichsten Gegensätze innerhalb des Landes: Die niederschlagsarme Oberrheinebene um Freiburg gilt als wärmste Gegend Deutschlands, auf dem Feldberg, dem höchsten Berg Baden-Württembergs, herrschen dagegen schon alpine Verhältnisse.

Schwarzwald und südlicher Odenwald bestehen weitgehend aus kristallinem Grundgebirge, also Gneisen und Graniten. Während Jahrmillionen wurden die darüber gelegenen Schichten abgetragen. Dem Land sind sie aber nicht verlorengegangen und tauchen in großer Plastizität beim Schwäbischen Schichtstufenland wieder auf. Das beginnt im Oberen Neckarland mit mächtigen Muschelkalkformationen (Klettgau, Baar, Obere Gäue) und geht dann zum Keuperbergland über, dem Inbegriff des «lieblichen» Württemberg. Es reicht von Tübingen bis Ellwangen. Die vielgerühmte Juralandschaft der Schwäbischen Alb schließt dann die erdgeschichtlichen Folgen dieses vor etwa 200 Millionen Jahren entstandenen Schichtstufenlands ab. Wesentlich jünger dagegen ist die eiszeitlich geformte, weite und ruhige Landschaft des Bodenseebeckens und Oberschwabens, der südwestdeutsche Teil des Alpenvorlands.

Baden-Württemberg wird von weithin bekannten Flüssen umund durchflossen. Auf der rauhen Baar entspringen nahe beieinander Neckar und Donau. Im Südosten verläuft die Grenze zu Bayern ein Stück weit der Iller entlang, im äußersten Norden ein Stück weit am Main. Der bedeutendste Fluß ist natürlich der Rhein – als Hochrhein markiert er auf seinem Weg nach Basel die Grenze zur Schweiz und von dort bis kurz unterhalb von Karlsruhe als Südlicher Oberrhein die zu Frankreich.

Bevölkerungsstruktur. 1993 lebten im «Südweststaat» 10 075 000 Menschen, gut 10 Prozent davon sind Ausländer. Nur Nordrhein-Westfalen und Bayern haben mehr Einwohner.

Stuttgart als größte Stadt Baden-Württembergs hat derzeit etwa 575 000 Einwohner und liegt jeweils ungefähr eine Flugstunde von den Weltstädten Paris, Berlin und Wien entfernt. Die nächstgrößeren Städte nach Stuttgart sind Mannheim (318 000), Karlsruhe (279 000), Freiburg (196 000), Heidelberg (140 000), Heilbronn (121 000), Pforzheim (117 000), Ulm (114 000) und Reutlingen (107 000). Esslingen steht mit 92 000 Einwohnern an der Schwelle zur Großstadt. Mehr als 80 000 Einwohner haben noch Ludwigsburg, Tübingen und Villingen-Schwenningen. Ein Fünftel der Bevölkerung lebt in Großstädten. Von den rund vier Millionen Arbeitnehmern in Baden-Württemberg sind 450 000 Ausländer, also wiederum gut ein Zehntel.

Die großen Konfessionen sind prozentual nahezu gleich verteilt: Protestanten 44 und Katholiken 47 Prozent, wobei der protestantische Anteil gegenüber dem Beginn des Jahrhunderts um nahezu zehn Prozent gesunken ist.

Die meisten Erwerbstätigen (46,7 Prozent) arbeiten im produzierenden Gewerbe, dessen größte Zweige Maschinenbau, Fahrzeugbau und Elektrotechnik sind. Mit Dienstleistungen verdienen 35 Prozent der Berufstätigen ihr Geld, in Handel und Verkehr 15 Prozent und in der Landwirtschaft, zu der auch Forstwesen und Weinbau gehören, nur noch etwas über drei Prozent. In Baden-Württemberg sind rund 10 000 Industrie- und nahezu 100 000 Handwerksbetriebe angesiedelt.

Wirtschaft. Die Wirtschaft im sogenannten Musterländle galt wegen ihrer ausgesprochen mittelständischen Prägung als wenig krisenanfällig. Es gibt hier weit mehr Industriebetriebe mit weniger als 500 Beschäftigten als im Bundesdurchschnitt. Auch ist das Land hochgradig exportorientiert (im wesentlichen Maschinen, Straßenfahrzeuge und elektronische Erzeugnisse). 17 Prozent der deutschen Gesamtausfuhr kommen aus Baden-Württemberg, dessen Hauptexportpartner der Nachbar Frankreich ist. Der Südwesten hat selbst in den ländlichen Gebieten noch ein dichtes Netz von Industriebetrieben. Die großen Wirtschaftszentren sind Stuttgart als Zentrum des mittleren Neckarraums, Karlsruhe mit dem großen Rheinhafen in Maxau, Mannheim, die «klassische» Industriestadt des Landes, dazu noch Heilbronn, Ulm und Villingen-Schwenningen mit seiner Uhrenindustrie. In Heidelberg, Lauffen und im

Bereich der Schwäbischen Alb (Nürtingen, Blaubeuren, Schelklingen) wird Zement gewonnen – übrigens so ziemlich der einzige «Bodenschatz», über den das Bundesland verfügt.

Baden-Württemberg besitzt bedeutende Weinbaugebiete, die zusammen ein Viertel der gesamten Anbaufläche in der Bundesrepublik ausmachen. Bekannt sind auch die Gemüse von der Bodenseehalbinsel Reichenau, Hopfen aus Tettnang, Spargel aus Bruchsal und Schwetzingen sowie das feine Kraut, das südlich von Stuttgart auf der Filderhochebene angebaut wird («Filderkraut»). Dort gibt es die besten Böden des Landes, einige sagen, der Welt.

Weit über die Landesgrenzen hinaus bekannt ist der Baden-Badener Südwestfunk (SWF) mit seinem Sendegebiet von Basel bis Bonn. Am 31. März 1946 als Sender für das französische Besatzungsgebiet ins Leben gerufen, war er eine der fruchtbarsten Institutionen für die deutsche Nachkriegskultur. Vor allem das Hörspiel hat dem Sender viel zu verdanken. Bekannt wurde auch das SWF-Orchester unter Hans Rosbaud. Zum Urgestein des deutschen Senderwesens gehört der Süddeutsche Rundfunk (SDR) in Stuttgart, der sich seit dem Jahr 1924 als Multiplikator des Bilds vom «braven Schwaben» unverdrossen bewährt.

Im Wandelgang der von Heinrich Hübsch erbauten Neuen Trinkhalle in Baden-Baden. Auf den 1844 entstandenen großformatigen Wandgemälden von Jakob Götzenberger sind Szenen aus Sagen der Region dargestellt.

Für die Wirtschaft nicht unbedeutend ist der Fremdenverkehr des Landes. Während eines Jahres übernachten hier mehr Gäste (elf Millionen) als Baden-Württemberg Einwohner zählt. Mit 40 Millionen Übernachtungen ist es nach Bayern das zweitgrößte Fremdenverkehrsland der Bundesrepublik. Der damit erreichte Umsatz beträgt zwölf Milliarden Mark pro Jahr. Im Schwarzwald, der wichtigsten Fremdenverkehrsregion, hängt sogar jeder zweite Arbeitsplatz mit dem Tourismus zusammen.

Medien. Württemberg hatte vor allem durch das Wirken des Verlegers Johann Friedrich Cotta (1764–1832) eine der blühendsten Zeitungslandschaften Deutschlands. Heute existieren in Baden und Württemberg zusammen kaum mehr 20 Tageszeitungen mit Vollredaktionen. Einige der meistgelesenen: die beiden Hauptstadtblätter «Stuttgarter Zeitung» und «Stuttgarter Nachrichten», die «Badische Zeitung» (Freiburg), der «Mannheimer Morgen», die «Südwestpresse» (Ulm) und die «Schwäbische Zeitung» (Leutkirch). Dafür erscheinen viele Kopfblätter, die zwar einen eigenen Lokalteil haben, sich aber sonst, was den Rest des Geschehens betrifft, aus Stuttgart oder Ulm beliefern lassen. Bedeutende überregionale Zeitungen und Magazine haben Redaktionsbüros in Stuttgart, ohnedies mit der wichtigste Verlagsort in Deutschland.

Sehenswerte Orte von A bis Z

Ziffern im Kreis verweisen auf die Karte auf Seite 155.

Baden-Baden ①, am Westrand des Schwarzwalds über der Rheinebene auf dem Florentinerberg gelegen, umgeben von Wald und Weinbergen, ist noch immer geprägt von vergangenem Glanz. Hier fließen elf Thermen, die wärmsten in Europa. Baden-Badens Bäderarchitektur, insbesondere das *Kurhaus* Friedrich Weinbrenners, erbaut zwischen 1821 und 1824, die benachbarte *Neue Trinkhalle* seines Schülers Heinrich Hübsch, von 1839 bis 1842 entstanden, Karl Dernfelds noch betriebenes *Friedrichsbad* sowie die Kuranlagen mit der Orchestermuschel und den Boutiquen – all das verleiht der Stadt ihre mondäne Abgehobenheit.

Aber auch sonst ist Baden-Baden reich an Sehenswürdigkeiten: Dazu zählt die gotische Zisterzienserinnenabtei Lichtental ebenso wie die Schloßruine Hohenbaden (1300–1453), das Neue Schloß Niederbaden (15.–19. Jahrhundert) oder die Lichtentaler Allee entlang der Oos mit ihrem tropischen Baumbestand. Die Pferderennbahn im nahen *Iffezheim* gilt als die älteste der Welt. Gegründet hat sie Edouard Benazet (1806–1867), eine Art Baden-Baden-Generalmanager, dem die Stadt auch noch die Oper und das Spielkasino

DATEN ZUR BADEN-WÜRTTEMBERGISCHEN GESCHICHTE

500 000 v. Chr. Homo erectus von Mauer bei Heidelberg. Erstes Menschenzeugnis in Europa.
Um 6000 v. Chr.– 4000 v. Chr Bauernkulturen siedeln sich in den Tälern von Neckar, Donau und Oberrhein an. Pfahlbauten an den Moorseen Oberschwabens und am Bodensee.
800–100 v. Chr. Kelten siedeln im Südwesten.
50 v. Chr.–260 Römer halten den Südwesten. Der Limes als Grenze gegen die Barbaren wird errichtet.
260 Alamannen überrennen den Limes. Zerstörung der römischen Zivilisation.
496 Niederlage der Alamannen gegen die Franken und Beginn der fränkischen Vorherrschaft im Südwesten.
Um 600 Die Christianisierung setzt ein.
724 Gründung des Klosters Reichenau.
764 Gründung des Klosters Ellwangen.
917–1268 Herzogtum Schwaben, die «Wiege» der Herrscherhäuser der Staufer, Zähringer, Welfen, Habsburger, Zollern und Wittelsbacher.
1079 «Schwaben» wird staufisches Herzogtum.
12.–13. Jahrhundert Nach dem Ende der Staufer (1268) werden Habsburger, Württemberger und die Markgrafen von Baden dominierende Kräfte im Südwesten.
1386 Gründung der Universität Heidelberg, der ersten in Deutschland.
1457 Gründung der Universität Freiburg (habsburgische Universitätsgründung).
1477 Gründung der Universität Tübingen (Graf Eberhard im Bart).
1495 Württemberg wird Herzogtum.
1534 Reformation in Württemberg.

1535 Teilung der Markgrafschaft Baden in Baden-Baden und Baden-Durlach.
1536 Einrichtung des Tübinger Stifts.
1556 Reformation in Baden-Durlach. Baden-Baden bleibt katholisch. Die Kurpfalz wird calvinistisch.
17. Jahrhundert Während des Dreißigjährigen Kriegs und im Pfälzischen Erbfolgekrieg (1688–1697) Zerstörung Heidelbergs, Hirsaus, Baden-Badens.
18. Jahrhundert Die Barockschlösser Rastatt (1697–1707), Ludwigsburg (1704 bis 1725), Karlsruhe (1715–1738) und Mannheim (1720–1760) entstehen.
1737–1793 Herzog Karl Eugen regiert Württemberg. Seine Hohe Karlsschule erhält 1781 Universitätsrang.
1771 Die Wiedervereinigung der beiden badischen Markgrafschaften erfolgt unter Karl Friedrich.
19. Jahrhundert Napoleon verhilft Baden zur Vervierfachung und Württemberg zur Verdoppelung des Staatsgebiets. 1806 wird Württemberg Königreich, Baden Großherzogtum.
1818/19 Baden und Württemberg erhalten Verfassungen.
1848/49 Gescheiterte badische Revolution durch den Aufmarsch preußischer Truppen.
1850 Die Fürsten von Hechingen und Sigmaringen schließen mit Preußen einen Erb- und Abtretungsvertrag. «Hohenzollern» bleibt bis 1945 preußisch.
1918 Baden und Württemberg werden Republiken.
1933–1945 Massendeportationen badischer und württembergischer Juden. Bei den Bombenangriffen von 1944/45 werden viele Städte schwer getroffen. Nach Kriegsende Aufteilung in folgende drei Besatzungszonen: Nordwürttemberg-Nordbaden (amerikanisch), Südwürttemberg-Hohenzollern (französisch) und Südbaden (französisch).
1951 Bei der Volksabstimmung vom 5. Dezember votieren in Nordwürttemberg 93 Prozent und in Südwürttemberg 91 Prozent für den Zusammenschluß von Baden und Württemberg, in Nordbaden nur 57 Prozent. Die Südbadener hingegen stimmen mit 62 Prozent für die Wiederherstellung der alten Länder Baden und Württemberg.
25. April 1952 Erste baden-württembergische Landesregierung unter Ministerpräsident Reinhold Maier (FDP).
1953–1993 Die CDU stellt ohne Unterbrechung den Ministerpräsidenten.

Oben: Das Landeswappen. – Unten: Pfahlbaudorf im 1921 gegründeten Freilichtmuseum Unterhuldingen am Bodensee.

Das Hornmoldhaus in Bietigheim, benannt nach dem seinerzeitigen Stadtvogt. Dieses 1535 fertiggestellte, sorgfältig restaurierte Fachwerkgebäude ist ein besonders schönes Beispiel eines Patrizierhauses aus der Zeit der Renaissance.

verdankt. Bis zum Deutsch-Französischen Krieg in den Jahren 1870/71 galt Baden-Baden als «Europas Sommerhauptstadt», bevölkert von gekrönten und ungekrönten Häuptern, von Pumpgenies und Kokotten, hoffnungsvollen Dichtern, verzweifelten Spielern und einer großen russischen Kolonie.

Bad Wimpfen ② besteht aus zwei Teilen, Wimpfen am Berg und Wimpfen im Tal. Auf dem Berg hatten die Staufer ihre größte *Kaiserpfalz* nördlich der Alpen. Um 1250 vollendet, erstreckt sie sich zwischen dem Roten und Blauen Turm. Neben einem großen Teil der Ringmauer ist die Arkadengruppe des ehemaligen Palas mit ihren gekuppelten, gewundenen oder geknoteten Säulenschäften erhalten. Von dort oben und noch mehr vom «kahlen» Roten Turm bietet sich ein unübertrefflicher Blick ins Neckartal. Der Blaue Turm beherrscht die Stadt weithin sichtbar. Seinen romantisierenden Turmaufsatz hat er 1848 bekommen.

Im Tal liegt die *Ritterstiftskirche Sankt Peter*, ein zwischen dem 11. und 15. Jahrhundert entstandener Komplex, der wegen seines Kreuzgangs als Meisterwerk der Frühgotik gilt. Seit 1947 herrscht in der Stiftsanlage wieder Klosterleben. Damals fanden die aus dem schlesischen Grüssau vertriebenen Benediktiner hier Aufnahme.

Die zwischen 1182 und 1233 erbaute Stiftskirche Sankt Veit, das Wahrzeichen der Stadt Ellwangen. Sie gilt als bedeutendster romanischer Gewölbebau in Württemberg.

Bietigheim-Bissingen ③ ist eine der typischen Städte des Mittleren Neckarraums: Verwaltungs-Kunstgebilde; großer Industrierand mit kleinem Altstadtkern, aber, im Gegensatz zu anderen, doch liebevoll restauriert. Sehenswert ist das *Hornmoldhaus*, heute Stadtmuseum, ein stattliches, 1535 fertiggestelltes Renaissancegebäude, das seinen Namen dem damaligen Stadtvogt verdankt. Bietigheim, nahe am Zusammenfluß von Enz und Neckar gelegen, bietet vor seinen Altstadttoren auf dem Landesgartenschaugelände von 1989 unten an der Enz («Enzaue») mit Felswänden und Auwaldresten auch noch viel urwüchsige Natur. Nicht weit entfernt liegt stolz über dem Neckar das alte Weinstädtchen *Besigheim*.

Breisach ④ war droben auf seinem Breisachberg über Jahrhunderte eine heftig umkämpfte Grenzstation. Heute begreift man sich als «goldene Mitte einer erlebenswerten Region», direkt am Rhein zwischen Schwarzwald, Kaiserstuhl und Vogesen gelegen, nahe Freiburg, Straßburg, Colmar und Basel. Die auf eine Stiftung des Stauferkaisers Heinrich IV. zurückgehende Oberstadt (1185) wird vom *Münster Sankt Stephan* überragt (spätes 12. bis frühes 16. Jahrhundert), einer der großen Kirchenbauten oberrheinischer Gotik. Der monumentale, bis zur Spitze fast zwölf Meter messende *Hochaltar* (1526) eines unbekannten spätgotischen Meisters gilt als eines der wichtigsten Werke deutscher Schnitzkunst.

Ein berühmtes Werk Balthasar Neumanns: Das Treppenhaus im Bruchsaler Schloß. Hier ein Detail der als Einheit mit Vestibül, Grottensaal und Gartensaal konzipierten Anlage.

Bruchsal ⑤ ist berühmt für sein Barockschloß und wird gerühmt wegen seines Spargels, denn die Bruchsaler haben den bedeutendsten Spargelmarkt Europas. Das *Schloß* verdanken sie der Bauherrenfamilie Schönborn: Damian Hugo, Fürstbischof von Speyer, legte 1722 den Grundstein zu seiner hiesigen Residenz. Ihre Hauptattraktion ist das *Treppenhaus* von Balthasar Neumann (1687–1753) mit dem ovalen Grundriß. 1945 war das barocke Bauwerk fast völlig zerstört, wurde dann aber, in mühsamer Detailarbeit, wieder aufgebaut und 1975 der Öffentlichkeit übergeben. Vom Krieg verschont blieb die barocke katholische Pfarrkirche *Sankt Peter* (1736–1750), auch sie ein Werk Neumanns.

Calw ⑥, das württembergische Nordschwarzwaldstädtchen, ist der Geburtsort des Literaturnobelpreisträgers Hermann Hesse (1877–1962), der bekannte, «zwischen Bremen und Neapel, zwischen Wien und Singapore habe ich manche hübsche Stadt gesehen … die schönste aber ist Calw an der Nagold». Ein gut bestücktes *Hermann-Hesse-Museum* am Ende des imposanten Marktplatzes erinnert an das Städtchen Calw um die Jahrhundertwende, eine ehedem wohlhabende («betuchte») Tuchhändlerstadt.

Der Altstadtkern von Besigheim. Dieser auf einem schmalen Bergrükken zwischen Enz und Neckar gelegene Ort genoß im Mittelalter große Bedeutung. Im Hintergrund einer der beiden romanischen Rundtürme aus dem 12. Jahrhundert, Reste der Wehrmauer der Stadt.

Nachhaltig hat das Benediktinerkloster im nahen *Hirsau*, dessen Anfänge ins 9. Jahrhundert zurückgehen, auf das mittelalterliche Deutschland gewirkt. Von hier ging zwischen dem 11. und 13. Jahrhundert die clunyazensische Reform aus mit ihren Geboten zu Vereinfachung, Schlichtheit und Askese mönchischen Lebens. Die am Ende des 11. Jahrhunderts geweihte Klosterkirche *Sankt Peter und Paul*, eine 97 Meter lange Basilika, wurde Vorbild für viele Klosterkirchen Deutschlands. Heute ist die Hirsauer Anlage in ihren schönsten Teilen eine gepflegte, vielbesuchte Ruine.

Donaueschingen ⑦ liegt am Zusammenfluß von Brigach und Breg, und die bringen bekanntlich «die Donau zuweg». Im nach englischem Vorbild angelegten fürstenbergischen *Schloßpark* gibt es dazu eine vielbesuchte Donauquellen-«Inszenierung» (entstanden um 1900): Kristallklar erscheint der frische Fluß in einem Brunnenrondell, die «Quelle» wird von einer allegorischen Marmorgruppe aus der Werkstatt des Bildhauers Adolf Heer umstellt, darunter auch «Mutter Baar» als Sinnbild der Donau-Ursprungslandschaft.

Ellwangen ⑧, die aus einem Benediktinerkloster hervorgegangene Fürstpropstei, ist seit 1803 württembergisch. Den stark barock geprägten Stadtkern hat es sich weitgehend erhalten. Am Marktplatz liegt die *Stiftskirche Sankt Veit* (1182–1233), deren Anfänge auf das Jahr 764 zurückgehen. Sie gilt als das großzügigste und bedeutendste noch erhaltene Baudenkmal der Stauferzeit im Südwesten. Der Grundriß ist von Hirsau inspiriert. Überragt wird Ellwangen vom *Schloß* der Stiftspröpste (13. bis 17. Jahrhundert), heute ein Museum, und der berühmten barocken *Wallfahrtskirche* auf dem Schönenberg (1681–1715), eine Planung des Vorarlberger Baumeisters Michael Thumb. Vom Schönenberg blickt man über den östlichen Schwäbischen Wald und den nordöstlichen oberen Rand der Schwäbischen Alb bei Aalen.

Die sogenannte «Donauquelle» im Schloßpark von Donaueschingen, ein Quelltopf, dessen Wasser die Brigach speist, den zweiten Donauursprung neben der Breg. Die allegorische Figurengruppe am Brunnenrand trägt den Titel «Mutter Baar schickt die junge Donau auf den Weg nach Osten».

Esslingen ⑨, gerade eine S-Bahn-Viertelstunde von Stuttgart entfernt, hat noch immer den umfangreichsten historischen Kern aller Städte des Mittleren Neckarraums, trotz schwerer Einbußen in den sechziger Jahren, als 162 Häuser für eine Verkehrsschneise geopfert wurden. Unter Stauferkaiser Friedrich II. (1194–1250) zur Reichsstadt erhoben, gibt es noch vollständige Ensembles aus gotischer Zeit. Am *Hafenmarkt* befindet sich die älteste bisher bekanntgewordene Fachwerkhäuserzeile Deutschlands (1328–1331). Das *Alte Rathaus* (um 1420) zeigt mächtiges Fachwerk mit vorkragenden Stockwerken. Die über Kreuz gehenden Balken, wiederum dicke Querbalken stemmend, tragen den bildhaften Namen «Schwäbischer Mann» – als seien es schwer wuchtende Riesen. Der elegante Renaissancegiebel (1586–1589) stammt von Heinrich Schickhardt und erhebt sich auf der Nordseite.

Esslingen wird von einer über den Weinbergen thronenden *Burganlage* umrahmt, die man über einen steilen Wehrgang, die «Burgstaffel», erklimmen kann. Nach Theodor Heuss ist es eine «Stadt aus dem Musterbuche der Romantik». Die praktischen und «schaffigen» und übrigens auch frühzeitig reformierten Esslinger hören das nicht so gern: Keinesfalls möchten sie ihre Stadt etwa mit Rothenburg verglichen wissen.

Freiburg ⑩ ist neben Bern die berühmteste Gründung der Zähringer (1120): ein großes Oval, von einer Mauer umgeben, in dem sich zwei Hauptstraßen kreuzen, an deren Enden Stadttore stehen. Mit Freiburg wurde eine der ersten planmäßig gebauten Stadtanlagen des Mittelalters verwirklicht.

Der Name «Freiburg» war Programm, und der Silberabbau im nahen Schauinsland brachte die Stadt bald in Flor. Um 1200 begann der Bau des *Münsters Unserer Lieben Frau*, und noch im 14. Jahrhundert wird der 115 Meter hohe, «schönste Turm der Christenheit» (Jacob Burkhardt) fertig. So ist das Münster eine der wenigen großen Kirchen, deren Turm bereits im Mittelalter steht.

Das Rathaus von Heilbronn, 1417 erbaut und von 1579 bis 1582 im Renaissancestil erweitert. Der dreigeschossige Bau mit seiner großzügigen Freitreppe und dem eindrucksvollen Uhrengiebel kündet vom damaligen Reichtum der Stadt.

Blumenmarkt auf dem Freiburger Münsterplatz im Herzen der Stadt. Hier bieten täglich Händler und Bauern aus der Umgebung ihre Waren an. Im Hintergrund das Kornhaus mit seinem Stufengiebel.

Die Stadt hat trotz katastrophaler Kriegszerstörungen imposante Bauzeugen aus fast jeder Epoche – von der romanischen Stadtanlage bis hin zu einer Ikone der Postmoderne, dem «Kaufhaus Schneider» am Münsterplatz, nicht zu verwechseln mit dem *Kaufhaus* am Münsterplatz (1525–1532), einem spektakulären Renaissancebau. Die Barockepoche ist mit zahlreichen Kirchen, aber auch mit dem Wohnhaus des für Freiburg wichtigen Baumeisters Christian Wenzinger, dem Haus *Zum schönen Eck* (1761) am Münsterplatz vertreten, der Klassizismus mit dem *Palais Sickingen* (1770–1772) des im katholischen Oberland viel beschäftigten Michel d'Ixnard (1723–1795). Der Historismus erscheint an zahlreichen Bürgerhäusern, etwa auf der Kaiser-Joseph-Straße oder der neugotischen *Alten Universitätsbibliothek* (1896–1902), der Jugendstil eindrucksvoll an Hermann Billings Kollegiengebäude I (1907–1911) in schwarzwaldtypischem Buntsandstein. *Schwabentor* und *Martinstor*, zwei Freiburger Wahrzeichen und Orientierungspunkte, stammen ursprünglich aus der Zeit um 1200, wurden aber mehrfach umgebaut und im Fall des Martinstors romantisiert (1901). Vor den Toren warten die «Professoren» Feldberg, Schluchsee und Kaiserstuhl, dazu Oberrheinebene, Markgräfler Land, Elsaß und Nordschweiz. All das macht die Stadt begehrt, vielbesucht und meist auch etwas überlaufen.

Freudenstadt ⑪, am Übergang vom Nord- zum Mittelschwarzwald gelegen, geht auf einen Entwurf des genialen schwäbischen Renaissancebaumeisters Heinrich Schickhardt zurück, der um 1600 ein mühlbrettartiges Grundmuster mit einem riesigen quadratischen *Marktplatz* in der Mitte entwarf – ursprünglich für ein Schloß gedacht. Die ersten Einwohner dieser Stadt waren protestantische Glaubensflüchtlinge aus Kärnten und der Steiermark. Schickhardt hat ihnen zwischen 1601 und 1608 eine strenge *Stadtkirche* in Form eines Winkelhakens gebaut, die den ungewöhnlichen Grundriß noch pointiert. Gegen Kriegsende fast vollständig zerstört, wurde Freudenstadt nach dem Schickhardtschen Plan wieder aufgebaut und hat sein Erkennungsmerkmal, den *Arkadengang* um den gesamten Marktplatz, beibehalten. Er bietet Schutz vor herben Winden, denn dieser heilklimatische Kurort liegt immerhin 735 Meter über dem Meeresspiegel.

Haigerloch ⑫, ein malerisches Städtchen im ehemaligen Hohenzollern, ist unverkennbar durch sein *Schloß* (um 1580) auf dem Fels und dessen *Römerturm* mit dem achteckigen Aufsatz. Man rühmt auch die Fliederblüte. Seit 1980 besteht hier das *Atomkellermuseum* und lockt jährlich etwa 20 000 Besucher an: In einem Bierkeller direkt unter der Schloßkirche wurde während des letzten Kriegswinters das «Höhlenforschungslabor» eingerichtet. Eine deutsche Wissenschaftlergruppe unter dem Physiker Werner Heisenberg versuchte dort, den Nachweis zu erbringen, daß eine Kettenreaktion mit Uran und thermischen Neutronen möglich sei.

Zu Haigerloch gehört auch das ruhige und gesunde *Bad Imnau*, das wegen seines Mineralwassers geschätzt wird. Hinreißend ist der Neorenaissance-Kursaal, der im Jahr 1868 in einer frühen Fertigbauweise errichtet wurde.

Hechingen ⑬ ist allein wegen seines historischen Werdegangs bemerkenswert, denn es war bis 1945 preußisch, und preußische Baumeister haben im Auftrag preußischer Könige in dieser katholischen Gegend gebaut – etwa jene «Modellburg» *Hohenzollern*, die Stadt und Land weit überragt. 1850 hat sie Friedrich Wilhelm IV. bei dem Schinkel-Schüler Friedrich August Stüler und dem Militärbaumeister Oberst von Prittwitz in Auftrag gegeben. 1867 war die Bekrönung des 855 Meter hohen Stammbergs der Hohenzollern fertig. Stolz blickten die hohen preußischen Besucher über ihre neugotischen Ritterburgzinnen. «Die Aussicht von der Burg ist wahrlich eine weite Reise wert», ließ der nachmalige Kaiser Wilhelm II. im Jahr 1886 begeistert vernehmen.

Jährlich kommen etwa 300 000 Besucher auf diesen «schönsten Berg Schwabens». Geruhsamer geht es dann drunten in Hechingen zu, wo der zollerische Renaissancefürst Eitelfriedrich IV. (1576 bis 1605) getreu seiner Devise, daß es besser sei, das Geld für Bauwerke auszugeben als für Kriege, seinen Hechingern einige respektable Bauten hinterlassen hat: das Neue Schloß, den Unteren Turm, die Spittelkirche und vor allem die vielfach gerühmte Klosterkirche Sankt Luzen (erbaut um das Jahr 1600).

Heidelberg ⑭ hat zwischen Mai und Oktober Saison und quillt dann förmlich über vor Tausenden von Touristen. Lange Zeit stellten die Amerikaner das Hauptkontingent, heute sind es die Japaner. Die Stadt, gern synonym für «deutsche Romantik» gebraucht, ist vor allem ein Ort der Renaissance (Schloß) und des Barock (Stadtanlage). Wohl wegen der vielen Verehrer in der angelsächsischen Welt hat Heidelberg den Krieg unzerstört überdauert. Städtebauliche Eingriffe während des «Betonzeitalters» (sechziger und frühe siebziger Jahre) trüben allerdings den Ensembleeindruck.

Prachtvolle, mit Figuren und Ornamenten reich verzierte Renaissance-Fassaden in Heidelberg.

Links: Der Ottheinrichsbau, ein Teil der Schloßanlage. Sein Grundstein wurde im Jahr 1556 gelegt.

Rechts: Das «Haus zum Ritter», heute ein Hotel, das einzige Privathaus, das die Zerstörungen der Stadt 1689 und 1693 unversehrt überstand.

1386 entsteht hier die erste deutsche *Universität*. Um 1600 erlebt Heidelberg durch die Aufnahme von Glaubensflüchtlingen aus ganz Europa seine bisher höchste Blüte. Das über der Stadt thronende *Schloß* (1400–1619) gibt einen Begriff vom Rang dieser protestantischen Hochburg. Die Fassade des *Ottheinrichbaus* (1556–1559) gilt als eine der bedeutendsten Arbeiten deutscher Renaissance und kündet noch immer von Heidelbergs Pracht als kurpfälzischer Residenz. Der Niedergang beginnt mit dem Dreißigjährigen Krieg (1618–1648). Friedrich V., führender Fürst der protestantischen Union, wird 1619 in Prag zum König gewählt («Winterkönig»), verliert dort im Jahr darauf aber die Schlacht am Weißen Berg, und Tilly, der berüchtigte bayerische Feldherr in Diensten der katholischen Liga, sucht Heidelberg heim.

Was im Dreißigjährigen Krieg noch verschont geblieben war, macht dann der Pfälzische Erbfolgekrieg zunichte. 1689 und 1693 zerstören französische Truppen Stadt und Schloß. Nur noch das *Haus zum Ritter* in der Hauptstraße kündet von Heidelbergs einstiger Renaissancepracht. Das Schloß wird zur edlen Ruine, an der sich Nationalismus und Romantik entzünden. Hölderlin berichtet: «Aber schwer in das Tal hing die gigantische/ schicksalskundige Burg nieder bis auf den Grund ...» (1800). Damals steht Heidelberg vor seiner zweiten Blüte. 1803 wird es großherzoglich badisch und avanciert zur Hauptstadt der deutschen Romantik: Eichendorff kommt zum Studieren, Clemens Brentano und Achim von Arnim schaffen hier ihre Liedersammlung «Des Knaben Wunderhorn», Görres erhält einen Lehrstuhl, Goethe reist an und verfaßt Gesänge auf seine Altersliebe Marianne von Willemer. Und der Dichter Jean Paul wird hier im Jahr 1819 empfangen wie ein Fürst.

In der zweiten Hälfte des 19. Jahrhunderts machen die Naturwissenschaften Heidelberg berühmt. Während der Weimarer Zeit schließlich ist die Universität ein Hort des Republikanismus und Liberalismus. Der Zufall will es, daß auch der erste Reichspräsident ein Heidelberger ist: Friedrich Ebert (1871–1925) wurde in der Pfaffengasse 18 geboren, heute befindet sich hier eine Gedenkstätte. Nach Berlin hat Heidelberg dann unter den nationalsozialistischen Säuberungen am meisten zu leiden und verliert fast ein Drittel seiner akademischen Lehrerschaft. An Sehenswürdigkeiten ist die Stadt so reich wie kaum eine andere ihrer Größenordnung. Allein für das Schloß werden 30 bemerkenswerte Stationen angegeben. In der Stadt selbst verschafft man sich den besten Überblick erst einmal entlang der *Hauptstraße*, die im Osten mit dem Karlstor beginnt, an manch respektablem Stadtpalais und zwei originalen Studentenkneipen vorbei zum städtischen Mittelpunkt, zum Marktplatz mit der *Heilig-Geist-Kirche* (1411–1700), führt. Ganz in der Nähe liegt der Universitätskomplex mit der Jesuitenkirche (1711–1759) und der neubarocken *Universitätsbibliothek* aus Buntsandstein, zu Beginn unseres Jahrhunderts von dem badischen Baumeister Josef Durm (1837–1919) errichtet. An sie schließt sich im Westen der *Plöck* an, eine enge, anheimelnde Straße, wo sich unversehens das «Heidelberg-Gefühl» einstellt.

Heilbronn ⑮ ist 1250 Jahre alt und wurde gegen Ende des Zweiten Weltkriegs fast völlig zerstört. Einige restaurierte Bauten aus reichsstädtischer Zeit lassen die vergangene Urbanität ahnen, so die gotische *Kilianskirche*, das gegenüberliegende *Rathaus* (1417–1582) mit seinem charakteristischen Uhrengiebel und der eindrucksvollen Freitreppe, der Bollwerksturm beim Stadtgarten und, nach dem aufsässigen Ritter Götz von Berlichingen benannt, auch der Götzenturm. Im Erker des *Käthchenhauses* am Marktplatz soll sich die von Kleist erdachte Heilbronner Jungfer gezeigt haben.

Die Handels- und Industriestadt Heilbronn ist auch eine der großen deutschen Weinbaugemeinden: 550 Hektar Rebfläche ergeben in einem normalen Jahr mehr als fünf Millionen Liter, in der Hauptsache Trollinger und Riesling.

Herrenberg ⑯ gehört zu den markantesten Orten Altwürttembergs. Und eine Stadtkrone wie die *Stiftskirche* mit ihrem mächtigen Turm gibt es auch außerhalb kaum einmal. Auf einer Terrasse des

Blick über Konstanz. Die Stadt auf dem schmalen Landrücken zwischen Ober- und Untersee wird vom Rhein in zwei Teile getrennt. Im Hintergrund die Kette der Schweizer Alpen.

Nach dem Vorbild von Versailles wurde ab 1704 Schloß Ludwigsburg errichtet, das größte heute noch unzerstörte Barockschloß Deutschlands. Seit 1954 findet in den großzügigen Gartenanlagen jedes Jahr die vielbesuchte Gartenschau «Blühendes Barock» statt.

Der Spiegelpavillon des Ludwigsburger Schlosses, ein raffiniert gestalteter Raum, dem Stuck und Malerei eine festlich-heitere Note verleihen.

Schloßbergs gelegen und so alt wie Herrenberg selber (Baubeginn 1276), wacht diese Kirche seit alters her über Stadt und Landschaft. Man nennt sie deshalb «die Glucke vom Gäu». Renovierung und Sicherung (zwischen 1971 und 1982) dieser durch den unruhigen Gipskeuperuntergrund äußerst einsturzgefährdeten, ersten schwäbischen Hallenkirche gelten als große denkmalschützerische Leistung. Bei der Kirche beginnt ein Wanderweg, der am Schönbuchtrauf entlang Richtung *Hohenentringen* führt, bekannt für sein Ausflugslokal, in dem es noch schwäbischen Most gibt.

Karlsruhe ⑰, Haupt- und Residenzstadt des ehemaligen Großherzogtums Baden, verdankt seine Besonderheiten der fächerförmigen Anlage. Wie Sonnenstrahlen sollten die Straßen vom Kraft- und Lichtzentrum, dem *Schloß*, ausgehen – so die Idee des Gründers Markgraf Karl Wilhelm von Baden-Durlach (1709–1738) aus dem Jahr 1715. Am Grundsatz der städtebaulichen «Bezogenheit» hat besonders der klassizistische Baumeister und Zeitgenosse Goethes Friedrich Weinbrenner weitergearbeitet: Das Rathaus sowie die evangelische und katholische Stadtkirche zeugen von seinem Einfluß. Aus seiner Schule kommt Heinrich Hübsch, von dem unter anderem die *Orangerie* des Botanischen Gartens stammt. Auch das ganze 19. Jahrhundert hindurch arbeiteten in Karlsruhe stilbildende Baumeister, so daß es sich, trotz schmerzhafter Eingriffe, noch immer wie ein Musterbuch für die Architektur der vergangenen 250 Jahre betrachten läßt: Vom Barock (Schloß) bis zur Postmoderne («Dörfle», mitten in der Stadt) ist alles exemplarisch vertreten. Eine weitgehend unerkannte, entdeckenswerte Stadt, in die von Frankreich her eine gute Brise Savoir-vivre weht.

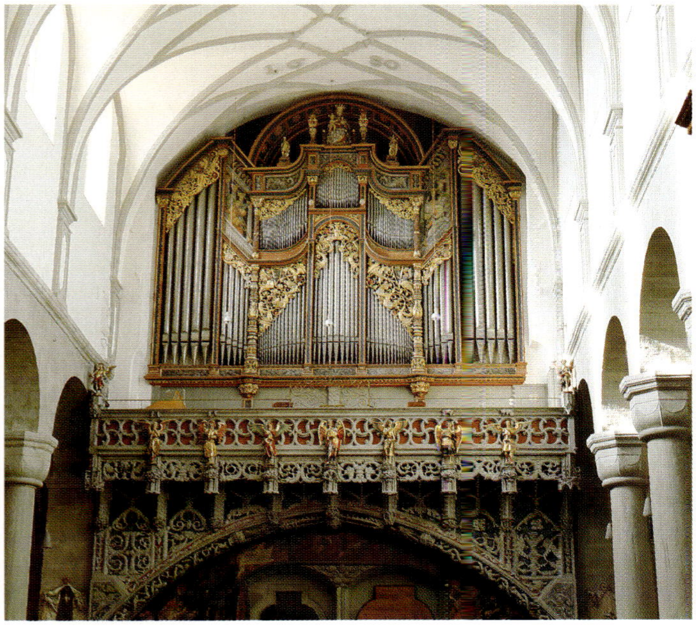

Im Konstanzer Münster. Die gesamte Westwand des Mittelschiffs wird von der breiten Orgelempore mit der Orgelbühne (1518) und dem Orgelprospekt (1523) ausgefüllt.

Konstanz ⑱, die größte Stadt am Bodensee und die einzige deutsche an seinem Südufer – eine der schönsten und ältesten in Deutschland ist sie zumal. Die rührige Stadtarchäologie hier hat jetzt sogar keltische Siedlungsspuren entdeckt. Der «Spatenwissenschaft» ist auch das höchst respektable und seit März 1992 zugängliche *Archäologische Landesmuseum* gewidmet. Sein Ausstellungsangebot reicht von den frühen Pfahlbauten bis ins 18. Jahrhundert. Auch oberirdisch hat Konstanz viel Sehenswertes zu bieten, etwa im wirklich noch mittelalterlichen Stadtteil Niederburg (hinter dem Münster) mit seinen engen Gassen und vielen Weinstuben. Einen schönen Kontrast dazu bildet die grandiose Promenade am Seerhein mit ihren Jugendstilfassaden. Das *Münster Unserer Lieben Frau*, an dem von der Romanik bis zur Romantik gebaut wurde, gehört ebenso zum Pflichtprogramm wie das mächtige *Konzilgebäude* (1388), heute ein Kongreß- und Konzerthaus.

Unzählig sind die Ausflugsmöglichkeiten mit der «Weißen Flotte»: Sie bringt einen auf die vielgerühmte Blumeninsel *Mainau*, ein tropisches Pflanzenparadies – hier wachsen wohl die einzigen deutschen Orangen! Oder nach *Meersburg* ⑲, legendär durch seine beiden Schlösser – im älteren hat Annette von Droste-Hülshoff (1797–1848) ihre letzten Jahre verbracht. Nach *Überlingen* ⑳ braucht man über den See anderthalb Stunden, nach Lindau gut drei und nach Bregenz dreieinhalb. Auch in die andere Richtung gelangt man per Schiff – zum pittoresken Stein am Rhein oder weiter nach Schaffhausen bis in die Nähe des *Rheinfalls*.

Ein Juwel des Rokoko – die Wallfahrtskirche Neubirnau (1747 bis 1750) am Bodensee. An ihrer Innenausstattung waren namhafte Künstler der Zeit beteiligt: Die Stukkaturen stammen von Joseph Anton Feichtmayr, die Deckenfresken schuf Gottfried Bernhard Goetz.

Ludwigsburg ㉑ ist wie Karlsruhe ein Produkt des 18. Jahrhunderts und verdankt sich seinen Barockherzögen Eberhard Ludwig (1677 bis 1733) und Karl Eugen (1744–1793). Wegen des riesenhaften *Schlosses* (452 Räume) wird es das «Schwäbische Versailles» genannt. Eberhard Ludwig hat es nach dem bekannten französischen Vorbild 1704 auf Drängen seiner Mätresse, der Gräfin Wilhelmine von Grävenitz, in Auftrag gegeben. Die Grävenitz wollte außer Sichtweite der legitimen Stuttgarter Herzogin Hof halten. Bekannt ist dieser Schloßkomplex vor allem wegen seiner weitläufigen Gartenanlagen, die als «Blühendes Barock» zwischen April und Oktober alljährlich mehr als zwei Millionen Besucher anziehen.

Anton
Palm

Links oben: Der Mannheimer Marktplatz mit der Unteren Pfarrkirche (1700 bis 1723). – Ganz links unten: Das Schiller-Nationalmuseum in Marbach. – Links unten: Ein berühmtes Spätwerk Balthasar Neumanns ist die Abteikirche in Neresheim (1745–1792). – Mitte oben: Das prachtvolle Palmsche Haus und die spätgotische Stadtkirche am Marktplatz von Mosbach. – Rechts oben: Das Mannheimer Schloß (1720–1760). – Rechts Mitte: Die Mannheimer Kunsthalle (1907 bis 1909). – Rechts unten: Am Eingang des Kinzigtals liegt die im 19. Jahrhundert restaurierte Burg Ortenberg.

In Ludwigsburg gibt, anders als in Mannheim oder Karlsruhe, nicht das Schloß dem Straßennetz die Richtung, sondern der bürgerliche *Marktplatz* mit seinen Arkaden. Jüngst originalgetreu restauriert, entspricht er wieder der Einschätzung von Theodor Heuss, der diesen Platz ein «Glanzstück des schwäbischen Landes» nannte. Auch den Namen «Poetenwiege» hat man ihm gegeben – hier wurden die Dichter Eduard Mörike und Justinus Kerner, der Schriftsteller und Ästhetiker Friedrich Theodor Vischer sowie der streitbare Theologe David Friedrich Strauß geboren, alle um 1800.

Nicht weit ist es von Ludwigsburg zu Friedrich Schillers Geburtsort *Marbach* ㉒. Von weitem schon grüßt den Ankommenden das *Schiller-Nationalmuseum* (1901–1903) auf seinem grünen Hügel, stilistisch eine Nachempfindung von Karl Eugens Lustschloß Solitude. Das *Geburtshaus* Friedrich Schillers, der hier am 10. November 1759 in der Niklastorstraße 31 zur Welt kam, gibt vor allem Einblicke in die drangvoll engen Bedingungen, unter denen der spätere Olympier seine Kindheit verbrachte.

Mannheim ㉓, die lebhafte Hafen- und Industriestadt am Zusammenfluß von Neckar und Rhein, ist durch die Gründung des Südweststaats (1952) an den Rand geraten und erhofft sich durch den europäischen Binnenmarkt neue Zentrumsfunktionen. Während des 18. Jahrhunderts, zu kurpfälzischen Zeiten, war die in Quadraten angelegte Stadt für einige Jahrzehnte Residenz. Es entstand das riesige *Barockschloß* (1720–1760) mit seinen 500 Räumen und 1387 Fenstern. Der pfälzische Kurfürst Karl Theodor, Prototyp des aufgeklärten Absolutisten, sorgte durch die Gründung des Nationaltheaters auch nachhaltig für den kulturellen Rang seiner Stadt. Mannheim war 1945 weitgehend zerstört. Im wiederaufgebauten Schloß residiert nun die Universität, deren Schwerpunkt auf den Wirtschaftswissenschaften liegt. Reichtum und Geschmack des Mannheimer Bürgertums um 1900 bekunden Jugendstilbauten wie das *Kongreßzentrum Rosengarten*. Der Friedrichsplatz, um Mannheims Wahrzeichen, den *Wasserturm*, herum angelegt, gilt sogar als die größte geschlossene Jugendstilanlage Europas. Die *Jesuitenkirche* (1733–1760) wird als «bedeutendste Barockkirche am Oberrhein» gerühmt. Das *Reiß-Museum* im wiedererstandenen *Zeughaus* (1777/1778; rekonstruiert 1957) enthält bedeutsame Exponate zur Stadtgeschichte, etwa das originale Draissche Laufrad, die «Draisine». Zum neu geschaffenen *Landesmuseum für Technik und Arbeit* (1986–1990), gebaut von der Architektin Ingeborg Kuhler, gehört auch eine alte Rheinfähre, selber schon Museumsstück, mit einer Dokumentation zur Schiffahrtsgeschichte.

Stolz sind die Mannheimer auf ihre Naherholungsmöglichkeiten: Im *Herzogenriedpark* imponiert die Multihalle, unter deren schützendem Schirm 2600 Zuschauer Platz finden. Im *Luisenpark* leben mittlerweile mehr als 50 freifliegende Störche. Und auf der *Reißinsel* kann man sogar ganz stadtnah ausgedehnte Spaziergänge in einem urwaldähnlichen Auwald unternehmen.

Maulbronn ㉔, das alte innerwürttembergische Oberamtsstädtchen wird von einer der besterhaltenen Klosteranlagen nördlich der Alpen bestimmt. 1993 wurde diese in den Rang eines Weltkulturdenkmals erhoben. Das ehemalige *Zisterzienserkloster* mit seinen 30 Gebäuden (1147–1537) enthält alle mittelalterlichen Baustile von der Frühromanik bis zur Spätgotik, geschaffen aus dem naheliegenden Maulbronner Schilfsandstein. Nach der Reformation entstand eine evangelische Klosterschule und 1806 dann ein Evangelisches Seminar – oder auch eine schwäbische «Genievorbereitungsanstalt». Der Astronom Johannes Kepler war hier, der Botaniker und Verfasser des «Rulaman», David Friedrich Weinland, dazu die Dichter und Denker Friedrich Hölderlin, Justinus Kerner, David Friedrich Strauß, Hermann Kurz, Friedrich Theodor Vischer oder Georg Herwegh – alle mußten sie zu Maulbronn Griechisch und Latein pauken. Hermann Hesse beschreibt in dem frühen Roman «Unterm Rad» (1906) seine Leidenszeit als Seminarist hier.

Mosbach ㉕, am Neckarufer gelegen und den Odenwald im Rükken, ist eine Fachwerkstadt pfälzischer Prägung, die 1806 an Baden kam. Herausragend das um 1610 entstandene *Palmsche Haus*. Es gehört zu den prächtigsten Renaissance-Fachwerkbauten Süddeutschlands. Das Fachwerk hat hier nicht nur tragende, sondern auch schmückende und repräsentative Funktion. Die Strecke von Mosbach flußabwärts nach Heidelberg mit der Neckarschleife bei Binau und der darübergelegenen Burg Dauchstein sowie den Städtchen Neckargerach, Zwingenburg und Eberbach hat dem Neckar den Ruf als großem Romantiker unter den Flüssen eingebracht.

Münsingen ㉖, ein urwürttembergischer Ort mitten auf der Schwäbischen Alb, dort, wo sie am rauhesten ist, zwischen 700 und 850 Meter hoch gelegen, verdankt seine historische Bedeutung dem «Münsinger Vertrag» (1482), der wohl ältesten demokratischen Landesordnung in Deutschland. Das Stadtbild enthält viel gepflegtes Fachwerk. Die Lage prädestiniert Münsingen als Wintersport-, insbesondere als Langlaufort. Es gibt hier oben mehr als zehn gespurte Loipen, sechs Skilifte und dazu Rodelhänge. Im Sommer wird gewandert – auf naturbelassenen Kalkschotterwegen. Die Gegend um Münsingen ist sozusagen mit Wanderwegen vernetzt.

Münstertal ㉗, im südlichen Hochschwarzwald am Fuß von Belchen und Schauinsland beginnend, erstreckt sich von 400 bis hoch auf 1400 Meter: oben Gebirgsluft, unten Ahnungen vom milden Klima der Rheinebene. Die Berge schützen das Tal, die «Belchenluft» vertreibt überflüssige Hitze. Selten ist ein Ort so ideal, so gesund gelegen und hat dann auch noch eine kulturhistorisch so bedeutsame Anlage wie das imposante Benediktinerkloster *Sankt Trudpert*. Es ist an der Stelle entstanden, wo der irische Missionar Trudpert (643) mit dem Beil erschlagen worden sein soll. Die Anfänge des Klosterbaus gehen auf das Jahr 815 zurück. Wesentliche Impulse für die heutige Erscheinung kommen 900 Jahre später vom Vorarlberger Baumeister Peter Thumb. Dies «Tal der Täler» lockt aber auch mit seiner Umgebung, etwa dem *Markgräfler Land* mit seinen erquickenden Weißweinen, zu probieren etwa in dem netten und nahen Städtchen *Staufen*, wo im Gasthaus zum Löwen Goethes Faust zur Hölle gefahren sein soll.

Neresheim ㉘, ein früherer Oberamtssitz auf dem herben Härtsfeld am Ostrand der Schwäbischen Alb, wird von der *Benediktinerklosterkirche Heiliges Kreuz* überragt. Es ist die letzte Arbeit Balthasar Neumanns, gilt als seine reifste und wird fast nur mit Superlativen bedacht. So schreibt der «Kunstpapst» Georg Dehio 1920: «Neresheim ist der letzte Höhepunkt nicht nur Neumanns, sondern der Barockarchitektur überhaupt.» Vollendet wird dies Ereignis durch die immer wieder als kongenial bezeichneten Fresken des Tirolers Martin Knoller (1725–1804), der in den sechs Sommern von 1770 bis 1775 die Kirche ausmalte. Seine Arbeiten in Verbindung mit den sieben Kuppeln Neumanns, von denen es heißt, sie seien so leicht wie große Tücher, die der Wind bläht, machen den überirdischen Charakter dieser Kirche aus. Am intensivsten kann man sie bei den berühmten Orgelkonzerten auf sich wirken lassen, denn was den Glücksfall Neresheim vollkommen macht – auch die Barockorgel stammt von einem großen Künstler seines Fachs, dem Ottobeurer Orgelbauer Johann Nepomuk Holzhay (1792–1797). Neresheims Klosterkirche, Mitte der sechziger Jahre vor allem durch von Tieffliegern verursachte Schäden erheblich einsturzgefährdet, wurde in langer Arbeit (1965–1977) für fast 30 Millionen Mark äußerst aufwendig und liebevoll restauriert.

Offenburg ㉙, die ehemalige Freie Reichsstadt, liegt zwischen Rheinebene und Vorbergzone des mittleren Schwarzwalds im Mündungsgebiet der Kinzig und nennt sich Stadt zwischen «Rhein und Reben». Es ist der Mittelpunkt der Ortenau, einer lukullischen Gegend, in der exzellente Weine gedeihen. Als Offenburger

Fortsetzung Seite 143

Über den Burggrafensteg, an einem Denkmal der Dichterin Annette von Droste-Hülshoff vorbei, gelangt man zum Alten Schloß in Meersburg, in dem die Droste ihre letzten Lebensjahre verbracht hatte. Die Burg mit einem Bergfried aus dem 7. Jahrhundert gilt als die älteste erhaltene Wohnburg Deutschlands.

Nächste Doppelseite: Blick vom Fürstenhäuschen, einst Domizil von Annette von Droste-Hülshoff (siehe auch Seite 90) über die Treppengiebel und Dächer des mittelalterlichen Stadtzentrums von Meersburg auf den Bodensee. Rechts im Bild das Obertor (1300); am gegenüberliegenden See-Ufer der Ort Staad.

Das Konzilsgebäude in Konstanz wurde 1388 auf einem Pfahlfundament im Bodensee erbaut. Nachdem es zunächst als Korn- und Weinspeicher gedient hatte, fand hier während des großen Kirchenkonzils, im Jahr 1417 die Wahl des Kardinals Otto Colonna zum Papst Martin V. statt. Heute wird das äußerlich fast unveränderte Bauwerk für Konzerte und Kongresse genutzt.

Einheimische wie tropische Pflanzen blühen in üppiger Pracht auf der Insel Mainau im Bodensee. Großherzog Friedrich I. von Baden ließ hier für seine spätere Sommerresidenz im Jahr 1853 die erste Parkanlage errichten, Graf Lennart Bernadotte gestaltete die Insel nach 1930 dann zu einem der schönsten öffentlichen Gärten Europas.

Ein prächtiger Pfau zwischen den bunten Blumenrabatten der Insel Mainau. Rechts im Hintergrund der Schwedenturm, der an die schwedische Belagerung im Dreißigjährigen Krieg erinnert.

Das Barockschloß Freudenthal im gleichnamigen Ortsteil von Allensbach wurde 1699 von Michael Wiedenmann erbaut und vor wenigen Jahren aufwendig restauriert.

Im Kreisfreilichtmuseum Kürnbach in der Nähe von Bad Schussenried kann man oberschwäbische Fachwerkarchitektur, die zum Teil noch aus dem 17. Jahrhundert stammt, studieren und traditionelle haus- und landwirtschaftliche Geräte im Inneren der Wohngebäude und Ställe besichtigen.

Auf einer kleinen Halbinsel im Bodensee liegt Langenargen, einer der bekanntesten Ferienorte der Region. Vom Turm des Schlosses Montfort bietet sich ein schöner Blick über den See, der schon bei einer leichten Brise von unzähligen Segelbooten befahren wird.

Nächste Doppelseite: Blick von der bayerischen Donauseite auf das Ulmer Münster mit dem höchsten Kirchturm der Welt (161 Meter). Der Bau des gotischen Münsters wurde 1377 von der Baumeisterfamilie Parler begonnen und kam erst 1890 zum Abschluß. Rechts der Metzgerturm (1340), der einst als Gefängnis diente.

Das nachts sehr wirkungsvoll beleuchtete Ravensburger Tor in Wangen, einem der ältesten Orte des Allgäus. Der ursprünglich reine Renaissanceturm wurde im 17. Jahrhundert erhöht und mit vier halbrunden Ecktürmchen bekrönt. Die Fassadenbemalung stammt aus dem 19. und 20. Jahrhundert.

Sehenswürdigkeit gilt die Pfarrkirche *Heiliges Kreuz* (1700–1736), ein Werk aus der Vorarlberger Baumeisterschule. Am *Fischmarkt* im Stadtzentrum ziehen Renaissancebrunnen und barockes *Rathaus* (1741) die Neugierde auf sich, wobei vom Rathaus auch einige Wanderwege abgehen, etwa der sogenannte Weinpfad nach Gengenbach (ungefähre Wanderzeit: sechs Stunden).

An der Kinzig liegen flußaufwärts kleine, reizvolle Städte und Fasnachtshochburgen: neben *Gengenbach* und *Zell am Harmersbach* auch *Steinach* ㉚, dessen «Schwarzer Adler» (1716) das schönste Fachwerkhaus des Schwarzwalds sein soll. Und das nahe *Wolfach* gilt als einer der «schönstgelegenen deutschen Kurorte». *Schiltach* kann mit einem Marktplatz des berühmten Renaissance-Baumeisters Heinrich Schickhardt aufwarten, und in *Alpirsbach* ㉛ braut man das Schwarzwaldquellenbier direkt neben dem Benediktinerkloster (1100–1490) mit seiner berühmten romanischen Säulenbasilika, die ohne größere Eingriffe ein Jahrtausend durchlebte.

Pforzheim ㉜ wurde kurz vor Ende des Zweiten Weltkriegs fast dem Erdboden gleichgemacht. Der Wiederaufbau aus den fünfziger und frühen sechziger Jahren hat wiederum ein so geschlossenes Ortsbild hinterlassen, daß dies nun die eigentliche Pforzheimer Sehenswürdigkeit ist. Von den historischen Bauten erinnert die 1957 wieder eingeweihte *Schloßkirche Sankt Michael* (1230–1475) am ehesten an Pforzheims bewegte und unglückliche Geschichte. Hauptattraktion der heutigen Stadt ist das *Reuchlinhaus*, ein repräsentatives Stück Wiederaufbaumoderne (1961), nach Johannes Reuchlin (1455–1522), dem großen Pforzheimer Humanisten, benannt. Es stellt eine ständige Schmuckausstellung zur Schau, denn die Schmuckherstellung ist seit dem 18. Jahrhundert das Gewerbe, mit dem man hier bekannt wurde in der Welt. Pforzheim nennt sich deshalb auch «Goldstadt an der Schwarzwaldpforte».

Rastatt ㉝ ist das katholische Gegenstück zu Karlsruhe. So, wie dort der protestantische Markgraf von Baden-Durlach, Karl Wilhelm, 1715 mitten im Hardtwald seine Carolsruhe plante, entschied sich der katholische Markgraf Ludwig Wilhelm von Baden-Baden, bekannter unter dem Namen «Türkenlouis», nach der von Versailles vorgegebenen Mode seine Residenz ohne jede Beengung in die Oberrheinebene zu setzen. In wenigen Jahren entstand ein geräumiges *Barockschloß* und danach erst, wie in Karlsruhe oder auch Ludwigsburg, die Stadt – hier nach den Plänen des Wiener Baumeisters Domenico Egidio Rossi, der seine Arbeit 1697 aufnahm. 1705 schon konnte der Türkenlouis im neuen Schloß residieren, doch zwei Jahre später starb er. – Der Südflügel des Rastatter Schlosses soll nach seiner Generalinstandsetzung 1996 das *Wehrgeschichtliche Museum* aufnehmen, von dem dort bisher schon Teilbestände zu sehen waren. Ebenfalls im Schloß untergebracht ist die 1974 vom damaligen Bundespräsidenten Gustav Heinemann initiierte «Erinnerungsstätte für die Freiheitsbewegungen in der deutschen Geschichte», kurz *Freiheitsmuseum* genannt. In Rastatt haben die Preußen ja 1849 die letzten Reste der bürgerlichen Freiheitsbewegung blutig unterdrückt.

Ravensburg ㉞, die ehemalige Freie Reichsstadt, ist heute das Zentrum Oberschwabens und wird auch das «Schwäbische Nürnberg» oder «Stadt der Türme und Tore» genannt, denn allein neun Türme erinnern an einstige Macht und Verteidigungsbereitschaft. Auch Ravensburgs Wahrzeichen ist ein Turm, der 51 Meter hohe, runde *Weiße Turm* aus dem 14. Jahrhundert, im Volksmund «Mehlsack» genannt, weil er einmal weiß verputzt war. Überhaupt stammen noch viele Gebäude aus dem 14. und 15. Jahrhundert, etwa das Rathaus, das Vogthaus, das Kornhaus oder die Pfarrkirche Sankt Jakob. Ein überraschendes, exquisites Stück ist das *Konzerthaus* (1896/97) des Wiener Theaterarchitekten Ferdinand Fellner – es wirkt wie eine späte Huldigung der Rolle Ravensburgs im späten Mittelalter, als es zu den bedeutendsten deutschen Handelsstädten gehörte.

Im nahegelegenen *Weingarten* steht mit der Basilika (1715–1724) die größte Barockkirche Deutschlands, an der maßgebliche Kirchenkünstler ihrer Zeit mitgewirkt haben, so der Vorarlberger Baumeister Franz Beer und der Stukkateur Franz Schmuzer; die Fresken stammen von Cosmas Damian Asam.

Reutlingen ㉟, eine württembergische Industriestadt am nördlichen Albrand und unterhalb der charaktervollen Achalm, verdankt den Staufern Markt- und Stadtrecht (um 1210). Als planmäßige Anlage entsteht es von 1216 bis 1240 unter Kaiser Friedrich II. Bereits 1247 wird es Reichsstadt. Bleibendes Zeugnis dieser Anfänge ist die gotische *Marienkirche* (1247–1500). Gegen Kriegsende heftig zerstört, hat Reutlingen von seiner alten Substanz noch einige Klosterhöfe sowie das *Tübinger-* und das *Gartentor* erhalten (beide 13. Jahrhundert, Umbauten im 16. Jahrhundert).

Vor den Toren liegt die zwischen 1903 und 1915 entstandene Arbeitersiedlung *Gmindersdorf* von Theodor Fischer, wohl das bedeutendste Ensemble der Frühmoderne in Baden-Württemberg. Im benachbarten *Pfullingen* stehen Fischers berühmte *Hallen* (1904/05), ein Mehrzweckbau mit Turn- und Festsaal, wobei der Festteil mit Fresken von Schülern Adolf Hölzels ausgemalt wurde. Trotz der etwas flachen Renovierung ist es das wichtigste Werk des Jugendstils in Württemberg. Als weithin erkennbares Wahrzeichen grüßt vom Albtrauf über den Hallen noch Fischers Aussichtsturm auf dem *Schönberg* (1905): zwei in Beton gegossene Türme, durch ein begehbares Joch miteinander verbunden, der schönste und witzigste Aussichtsturm der Alb, von Reutlingern und Pfullingern etwas verschämt «d'Onderhos» genannt.

Rottweil ㊱ nennt sich die «älteste Stadt Baden-Württembergs». Tatsächlich lassen sich bereits Siedlungsreste aus der Zeit der Bandkeramik (2000 v. Chr.) ausfindig machen, um 73 n. Chr. wurde es römischer Militärstützpunkt. Auf die Stauferzeit geht die heutige Stadtanlage mit ihren vier Quadranten (um 1200 n. Chr.) zurück. Was an Rottweils Erscheinungsbild zuerst auffällt: die Häuser sind traufständig angeordnet, ein imponierendes Zeichen der ideellen Beziehung zur Schweiz. 1463 trat die Reichsstadt Rottweil sogar der Eidgenossenschaft bei, deren «zugewandter Ort» es blieb, bis man 1803 Württemberg zugeschlagen wurde.

Der offizielle Stadtrundgang nennt 30 Sehenswürdigkeiten, die modernste darunter das Sole-Erlebnisbad «Aquasol», gespeist aus einer Mineralquelle in 156 Meter Tiefe, denn Rottweil steht auf salzigem Grund. Bis 1963 gab es hier eine Saline. Im *Dominikanermuseum* ist das bekannte Orpheus-Mosaik zu besichtigen, ein 1834 gefundenes Kunstwerk aus dem römischen Arae Flaviae. Das *Heilig-Kreuz-Münster*, an dem vom 13. bis zum 16. Jahrhundert gebaut wurde, weist allein sieben gotische Altäre auf.

Sankt Blasien ㊲ hat ein großes Kloster mit einem mächtigen *Dom* (1772–1781), in dem die Reliquien des heiligen Blasius aufbewahrt werden. Seine voluminöse, 64 Meter hohe grüne Kuppel, die drittgrößte in Europa, scheint mit den umgebenden Schwarzwaldbergen geradezu in Konkurrenz zu treten. Ihr Erbauer, der französische Klassizist Michel d'Ixnard, hat viel im südwestdeutschen Oberland gebaut und umgestaltet, so etwa in Bad Buchau, Freiburg, Hechingen, Königseggwald, Konstanz und Oberdischingen. 1877 wurde Sankt Blasien als Kurort entdeckt, ein Umstand, dem die Stadt noch heute einige anmutige Bauten verdankt.

Schwäbisch Gmünd ㊳ ist – auf dem Papier – die älteste staufische Stadtgründung (vor 1162). Von der Befestigung sind aber nur noch spätgotische, also keine staufisch-romanischen Reste mehr erhalten. Um 1220 entsteht die Kirche *Sankt Johannis*. Zwischen 1869 und 1890 «re-romanisiert», gehört vor allem die reich mit Figuren besetzte Fassade zu den herausragenden Beispielen schwäbischer Romanik. Von ähnlich großer Bedeutung ist das *Heilig-Kreuz-Mün-*

Oben und unten: Eines der schönsten Bauwerke der Hochgotik in Schwaben ist die Marienkirche in Reutlingen. Der älteste, östliche Teil (im Bild) stammt aus dem 13. Jahrhundert. Von der alten Innenausstattung sind ein Taufstein (1499) sowie das Heilige Grab im Chor erhalten. – Mitte: Weithin sichtbares Wahrzeichen der hoch über dem Neckar gelegenen Stadt Rottweil ist der 70 Meter hohe gotische Turm der Kapellenkirche. – Rechts oben: Die spätromanische Kirche Sankt Johannis in Schwäbisch Gmünd, ein bedeutendes Zeugnis staufischer Baukunst. – Rechts Mitte: Der Löwenbrunnen aus dem Jahr 1604 vor dem Chor des Schwäbisch Gmünder Heilig-Kreuz-Münsters; im Hintergrund der gedrungene Glockenturm, ursprünglich als Wehrturm errichtet. – Rechts unten: Im Waaghaus mit dem Blaserturm befand sich einst die Ravensburger Stadtwaage.

Das Rastatter Schloß, erbaut von 1697 bis 1705, geht auf ein Jagdschloß des Markgrafen Ludwig Wilhelm von Baden zurück. Nachdem er beschlossen hatte, seine Residenz hierher zu verlegen, entstand ein pompöser Bau nach Versailler Vorbild, die älteste Barockresidenz Deutschlands.

Die heutige Anlage des Schwetzinger Schlosses geht auf Kurfürst Johann Wilhelm zurück, dem es bis zur Fertigstellung des Schlosses in Mannheim als Residenz diente. Die vielgerühmten Parkanlagen gehören zu den Meisterwerken europäischer Gartenkunst.

Der schwäbische Dichter Christian Friedrich Daniel Schubart schrieb über den Schwetzinger Schloßpark: «Man glaubt durch Zauberei auf eine Insel versetzt zu sein, wo alles Klang ist, wo Nixen, Sylphen, Gnomen und Salamander Wasser-, Luft- und Feuermelodien durcheinander jagen und eine wundervolle Symphonie bilden.»

Oben: Der von Nicolas de Pigage entworfene Apoll-Tempel (1762 bis 1776).

Mitte: Der «Blick zum Ende der Welt» – durch die Brunnenlaube sieht man eine paradiesische Flußlandschaft, eine Illusionsmalerei auf gewölbtem Untergrund.

Unten: Der Tempel der Botanik (1776 bis 1779), den ebenfalls Nicolas de Pigage entwarf.

ster, dessen ursprünglich romanisches Langhaus um 1300 von einer gotischen Hallenkirche abgelöst wird – der wahrscheinlich ältesten im Schwäbischen. Der Ausbau dieser Kirche im 14. Jahrhundert ist eng mit dem Namen der Baumeisterfamilie Parler verbunden. Am *Marktplatz* stehen barocke Häuser des hiesigen Baumeisters Johann Michael Keller, auf den auch die Umgestaltung des Rathauses zurückgeht (1783–1785). Der *Prediger*, ein spätgotisches Dominikanerkloster, wurde von Dominikus Zimmermann um 1720 barockisiert. Heute dient es, nach einigen Umbauten, als Kulturzentrum. Die ehemalige katholische Reichsstadt liegt am nördlichen Albrand und wird von den drei «Kaiserbergen» Hohenstaufen, Stuifen und Hohenrechberg überragt.

Schwäbisch Hall ㊴ geht auf eine Gründung der Kelten zurück – die Salzquelle hier hat sie angelockt. Salz war auch das Lebenselement der am Kocher gelegenen Freien Reichsstadt, die 1802 an Württemberg fiel. Von Reichtum und Macht dieser wohlerhaltenen und äußerst eindrucksvollen alten Stadt kündet eine Fülle von Bürgerhäusern aus dem 15. bis 18. Jahrhundert, das barocke Rathaus und insbesondere Halls Stadtkrone über dem Marktplatz – die *Sankt Michaelskirche* (1156–1573), die im wesentlichen gotisch ist. 1522 bereits hatten die Haller den Reformator Johannes Brenz (1499–1570) in die Gemeinde geholt und 1526 dann die Reformation eingeführt. Auf der Freitreppe vor Sankt Michael, auf «Deutschlands schönster Kirchentreppe», finden seit dem Jahr 1925 jeden Sommer berühmte Theateraufführungen statt.

Südlich der Stadt, auf einem Umlaufberg des Kochers, thront das mächtig ummauerte *ehemalige Benediktinerkloster Groß-Comburg*, 1079 gegründet, blühend unter staufischer Schutzherrschaft, dann aber erst zwischen dem 16. und 18. Jahrhundert wiederbelebt, weswegen sich hier auch enge Nachbarschaften von Romanik und Barock ergeben. Die Comburg bietet im Innern unschätzbare Kunstgegenstände aus der Stauferzeit, so den romanischen *Radleuchter* (12. Jahrhundert) aus vergoldetem Kupferblech mit 412 Einzelfiguren, das himmlische Jerusalem symbolisierend.

Schwetzingen ㊵ erinnert mit seiner *Schloß- und Gartenanlage* an das «Goldene Zeitalter der Kurpfalz» im 18. Jahrhundert. Das lange vom Verfall bedrohte Rokokoschloß ist nach Jahren der Renovierung nun wieder zugänglich. Vom noblen Apoll-Tempel überblickt man ein Gutteil des 72 Hektar großen Parks, dessen gartenhistorischer Rang darin liegt, daß hier eine barock-französische, streng geometrische Anlage (um 1760) in einen «wilden» englischen Landschaftsgarten (um 1770) übergeht. Am Rand der Rheinauen gelegen, ergibt sich so ein Übergang von getrimmter in gestaltete und schließlich in wirkliche Natur. Weithin bekannt sind die Sehenswürdigkeiten des Parks: etwa die Moschee, das Badhaus oder der geheimnisvolle «Blick zum Ende der Welt» in der Brunnenlaube – eine Illusionsmalerei auf gewölbtem Untergrund. Schwetzingens andere Spezialität ist der Spargel. Die beiden hier gezogenen Sorten heißen «Meisterschaft» und «Lucullus».

Sigmaringen ㊶, an der noch jungen Donau gelegen, war, wie Hechingen, bis 1945 preußisch. Von Sigmaringens Geschichte und einstmaliger Selbsteinschätzung kündet hoch auf dem Felsen über der Donau das *Schloß* mit kräftigen Fundamenten und Quadern aus dem 12. Jahrhundert, Renaissance-Erweiterungen und, nach einem Brand 1893, «romantischen» Restaurierungen des Baumeisters Emanuel von Seidl. Renaissance und Jugendstil, hier gehen diese Kunstepochen ineinander über.

Ganz in der Nähe, majestätisch im Donautal, erstreckt sich die Prämonstratenser-Reichsabtei *Obermarchtal* (1171–1239/1686 bis 1701). Am heutigen barocken Erscheinungsbild hat wesentlich der Vorarlberger Baumeister Michael Thumb mitgewirkt. Über die Kalkgewinnung in dieser Gegend informiert das kleine, aber kundig gemachte *Kalkmuseum Untermarchtal*.

Stuttgart (42) verdankt seinen Namen einem «Stuten-Garten», den der Schwabenherzog Liutolf um 1000 im weiträumigen Talgrund des Nesenbachs angelegt hatte. Dieser Nesenbach hat in Jahrmillionen Stuttgarts «amphitheatralische» Mulde ausgeräumt. Die oft gelobte Lage bestimmte bis ins 19. Jahrhundert Stuttgarts Haupterwerb, den Weinbau. Württembergisch wird die Stadt durch die Heirat von Graf Ulrich I., «der Stifter» genannt (gest. 1265), mit der Markgrafentochter Mathilde von Baden (um 1245). Stuttgart erlebt seine erste Blütezeit als Residenz von Graf Ulrich dem Vielgeliebten (1433–1480) und sichert seinen Rang als Hauptstadt Württembergs. Von 1436 an wird die *Stiftskirche* zur spätgotischen Hallenkirche umgebaut. Maßgeblich beteiligt daran ist Aberlin Jörg, der zwischen 1470 und 1474 auch die *Leonhardskirche* errichtet. Die Stadt war bis zum Ende des 15. Jahrhunderts auf 7000 Einwohner angewachsen. Eine wichtige wirtschaftliche Rolle spielte schon damals der Hof als Abnehmer. Nach Bauernunruhen, der Vertreibung von Herzog Ulrich (von 1519–1534) und österreichischer Herrschaft kehrte Ulrich 1534 als Reformator nach Stuttgart zurück und regierte bis 1550. In diesem Jahrhundert bekam die Stadt ihr Renaissancegesicht, vor allem durch den Umbau des *Alten Schlosses*, das heute als Landesmuseum dient. Am jetzigen Schillerplatz hat unter dem Renaissancefürsten Friedrich I. (1593–1608) der große Heinrich Schickhardt gebaut; von seinem Genius kündet noch der Giebel des sogenannten *Stiftsfruchtkastens* am Schillerplatz. Aufschwung erlebte die Stadt dann erst wieder unter dem absolutistischen Regiment von Herzog Karl Eugen (1744–1793). Das *Neue Schloß* entsteht, und die 1782 zur Universität erhobene Hohe Karlsschule, der Friedrich Schiller als Zögling angehörte (1773–1780), macht bis zu ihrer Schließung im Jahr 1794 von sich reden. Bis zur Mitte des 19. Jahrhunderts entsteht dann, durch den seit 1806 königlichen Hof vorgegeben, ein klassizistischer Stil von zurückhaltender Noblesse (Schloß Rosenstein, Wilhelma, Rotenbergkapelle, Königsbau, Wilhelmspalais).

Östlich des Stuttgarter Killesbergs wurde ab 1927 im Auftrag des Deutschen Werkbunds die Mustersiedlung Weißenhof erbaut. Neben Mies van der Rohe waren etwa die Architekten Le Corbusier, Walter Gropius und Hans Scharoun beteiligt, so daß mit diesem Gebäudekomplex ein repräsentatives Denkmal der damaligen Konzepte des «Neuen Wohnens» entstand. Hier ein Gebäude von Peter Behrens.

Nach dem Deutsch-Französischen Krieg (1870/71) entwickelte sich die königliche Residenzstadt vehement zur Industriestadt: Robert Bosch (1861–1942) gründete hier 1886 sein Werk, Daimler 1890. Am Ende des Jahrhunderts war Stuttgart auf 175 000 Einwohner angewachsen und nach Eingemeindung der Neckarorte Cannstatt, Untertürkheim und Wangen (1905) waren es bereits vor dem Ersten Weltkrieg 250 000.

Die Konzeptionen der Stuttgarter Weißenhofsiedlung wurden weltweit richtungsweisend für moderne Baugestaltung, da sie sich grundlegend auch mit den sozialen Aspekten des Bauens und Wohnens beschäftigten. – Im Bild ein Reihenhaus von Jacobus Johannes Pieter Oud.

Es wuchs auch architektonisch weiter, insbesondere durch den Franken Theodor Fischer (1862–1938), der von 1901 bis 1908 als Lehrer hier wirkte und das noch immer überragende *Kunstgebäude* (1913) am Schloßplatz schuf. Sein Schüler Martin Elsaesser baute die expressive und bei den Stuttgartern äußerst beliebte *Markthalle* (1912–1914), einer seiner vielen anderen Schüler, Paul Bonatz, den *Hauptbahnhof* (1914–1927).

Überhaupt entwickelte sich Stuttgart nach dem Ersten Weltkrieg zu einem vielbeachteten Ort der Architekturmoderne: Erich Mendelsohns Kaufhaus Schocken (1928, 1960 abgerissen), Ernst Otto Oßwalds Tagblatt-Turm (1928) und vor allem die weltberühmte, internationale *Weißenhofsiedlung* (1927), ein gebautes Musterbuch der Moderne, an dessen Kapiteln (23 Hausprojekte) unter anderen Walter Gropius, Le Corbusier, Pierre Jeanneret, Hans Scharoun, Hans Poelzig, Peter Behrens, Mart Stam, J. J. P. Oud und auch die Brüder Bruno und Max Taut, beide Theodor-Fischer-Schüler, mitgewirkt haben. Die Oberleitung dieses Projekts zum Thema «Soziales Bauen und Wohnen» lag bei Ludwig Mies van der Rohe.

Ein markantes Zeichen der Stuttgarter Wiederaufbauzeit ist insbesondere Fritz Leonhards *Fernsehturm* (1954–1956), der erste seiner Art. Die elegante Betonnadel wurde seither weltweit nachgeahmt. Auch Rolf Gutbrods *Liederhalle* (1955/56) vermag noch zu überzeugen. Im Jahr 1952 wurde Stuttgart zur Hauptstadt des neugeschaffenen Bundeslands Baden-Württemberg erklärt; das Landtagsgebäude (1959–1961) ist ein solides braunes Viereck in unmittelbarer Nachbarschaft des Neuen Schlosses.

In einem weiten Kessel, dem einstigen Tal des heute überbauten Nesenbachs, liegt die Landeshauptstadt Stuttgart. Alexander von Humboldt nannte sie eine der schönsten Städte der Welt. Ihren immer noch erhaltenen, besonderen Charme benennt die gerne gehörte Kurzbeschreibung «Großstadt zwischen Wald und Reben».

Eindrucksvolle Fachwerkbauten lassen noch heute die Bedeutung von Schwäbisch Hall erahnen: Die bis in die Keltenzeit zurückreichende Salzgewinnung machte die Stadt am Kocher im Mittelalter so reich, daß der hier geprägte silberne Pfennig, der «Heller», zu einer der weitverbreitetsten Währungen wurde.

Bei aller Autogerechtigkeit konnte sich Stuttgart seine grüne Mitte doch weitgehend bewahren. Die Internationale Gartenbauausstellung IGA 93 hat der Stadt ein «Grünes U», einen etwa acht Kilometer langen Umlauf um die nördlichen Innenstadtbezirke vom Hauptbahnhof an zwei Mineralbädern und einem Zoo (der Wilhelma) vorbei, bis hoch zum *Killesberg* beschert.

Noch ist Stuttgarts kulturelles Angebot, vor allem das an Galerien, reich. Die Hauptsehenswürdigkeit im Zentrum ist nicht von ungefähr James Stirlings *Neue Staatsgalerie* vom Anfang der achtziger Jahre, die längst zu einer Ikone der Postmoderne wurde.

mation und Inbegriff schwäbischer Geistigkeit: 1790/91 haben hier Hegel, Hölderlin und Schelling dasselbe Zimmer belegt. Tübingen, nicht Stuttgart war lange das geistige Zentrum Württembergs.

Um 1300 hatte es bereits seinen bis ins 19. Jahrhundert beibehaltenen Umfang erreicht. 1342 verkaufen die Pfalzgrafen ihre Stadt an Württemberg, um 1435 beginnt der Bau des Rathauses, 1470 der Neubau der *Stiftskirche*, im endenden 15. Jahrhundert auch der Bau des (späteren) Stifts und der *Alten Aula* – sozusagen die Keimzelle der Universität. Aus dem 16. Jahrhundert stammt dann das *Schloß Hohentübingen* mit seinem imponierenden Renaissanceportal und

Das mächtige Neue Schloß in der kleinen oberschwäbischen Stadt Tettnang; einst Residenz der Grafen von Montfort. Es wurde 1712 bis 1770 an der Stelle einer mittelalterlichen, von den Schweden zerstörten Festung erbaut. In einem Teil des Gebäudes ist das Montfort-Museum mit Zeugnissen zur Geschichte der Stadt und der Familie Montfort untergebracht.

Tettnang (43), das oberschwäbische Städtchen im östlichen Bodenseevorland, einer für saftige Äpfel und bitteren Hopfen bekannten Gegend, ist über tausend Jahre alt. Fast die Hälfte davon war es die Residenz der Grafen von Montfort, einem Vorarlberger Adelsgeschlecht, das sich durch den Bau seines *Barockschlosses* (1712–1770) finanziell derart verhoben hatte, daß man die ganze Grafschaft 1780 zur Tilgung der Schulden an Habsburg abtreten mußte. 1806 gelangte Tettnang an Bayern und 1810 dann an Württemberg. Der hübsche Ort mit seinen für den Bodenseeraum so charakteristischen Staffelgiebeln verdankt den Montforts dennoch eine Menge, und seit 1948 feiert man in dem kleinen Ort mit dem viel zu großen Schloß auch sein Montfort-Fest. Im Schloßinnern gibt es bedeutende barocke Stukkaturen von Meistern wie Andreas Moosbrugger. Der Turm des Torschlosses beherbergt das *Montfort-Museum.*

Tübingen (44) ist nach Stuttgart, von dem es 40 Kilometer entfernt liegt, die historisch bedeutendste Stadt Württembergs. Hier wurde 1477 die Landesuniversität gegründet und entstand 1495, nach Württembergs Erhebung zum Herzogtum, die zweite Residenz (Hohentübingen). Berühmter fast noch als die Universität wird das *Evangelische Stift*, 1547 im ehemaligen Augustinerkloster für etwa 150 Theologiestudenten eingerichtet, ein «Kind» der Refor-

dem weiten Blick in das Neckar- und Ammertal. Die Neckarseite Tübingens gehört mit der sich dahinter erhebenden Altstadtkulisse zu den meistfotografierten Motiven in Deutschland, auch wegen des gelben *Hölderlinturms*, in dem der Dichter die langen Jahre seiner Krankheit von 1807 bis zu seinem Tod im Jahr 1843 beim Schreinermeister Zimmer zugebracht hatte.

Tübingen bietet seinen Gästen 14 verschiedene «Stadterkundungsprogramme», vom regulären Stadtrundgang über die einsame Walkman-Tour bis hin zur lateinischen Stadtführung.

Ulm (45), jedermann weiß es, hat den höchsten Kirchturm der Welt: Am 31. Mai 1890 wurde er vollendet, seitdem reckt sich seine Spitze 161,53 Meter über den Münsterplatz. Bis auf 143 Meter kann man den Turm über 768 Stufen erklettern. Der Grundstein für das *Münster* war 1377 gelegt worden, die gotische Basilika, der größte Kirchenbau Süddeutschlands, wurde 1405 geweiht. Darüber hinaus verfügt die ehemalige Freie Reichsstadt – sie kam 1810 an Württemberg – auch über die umfangreichsten erhaltenen Festungsanlagen Europas. Ulm wurde zwischen 1842 und 1849 zu einer *Festung* des Deutschen Bundes ausgebaut, und zwar für 100 000 Soldaten. Das teuer restaurierte Herzstück, die Wilhelmsburg, sucht noch nach einer Verwendung: vielleicht wird ein Friedensmuseum daraus.

Im Stil der Bauhaus-Architektur entstand das 1993 fertiggestellte Ulmer Stadthaus des amerikanischen Architekten Richard Meier, das in spannungsreichem Kontrast zum Münster steht.

Zwei Bauten der Frühmoderne haben den Krieg hier überstanden – eine Jugendstilvilla (um 1900) des Münchener Architekten Richard Riemerschmid (1868–1957) nahe der feinen neugotischen *Georgskirche* (1904), dem katholischen Gegenstück zur 1910 gebauten protestantischen *Garnisonskirche* Theodor Fischers, einem expressiven Backsteinbau, hinter dem sich eine frühe, verblüffend durchgestaltete Eisenbetonkonstruktion verbirgt. Von Ulms historischer *Altstadt* haben einige Bauten, namentlich aus dem 16. und 17. Jahrhundert, die Zeiten überdauert oder sind wieder aufgebaut worden, so der *Neue Bau* (1584–1593), das bekannte *Schwörhaus* (1613; 1954) oder das *Rathaus* (1370; 1540), wo sich eine Nachbildung der Flugmaschine Albrecht Ludwig Berblingers (1770–1829) betrachten läßt, mit der dieser «Schneider von Ulm» 1811 von der Adlerbastei aus hatte fliegen wollen. Der Volksmund berichtet, wie es ausging: «Dr Schneider von Ulm hat's Fliega probiert,/ no hodd en dr Deifel en d'Donau neigfiehrd.»

Wie wichtig man es hier noch immer mit der Baukunst hält, zeigt der Umstand, daß man sich gegen große Widerstände entschlossen hat, den amerikanischen Architekten Richard Meier in unmittelbarer Nachbarschaft zum Münster ein *Stadthaus* bauen zu lassen, eine helle, runde Bauhaus-Replik.

Villingen-Schwenningen ㊻, die «grenzübergreifende» Doppelstadt, ist ein Produkt der Verwaltungsreform, die am 1. Januar 1972 zwei «Extreme» zusammenbrachte: das seit 1806 badische und ehedem vorderösterreichische, also katholische Villingen mit dem protestantisch-württembergischen Schwenningen. Hier die alte Zähringergründung Villingen (wie Freiburg um 1120) mit ihrem heute noch deutlich werdenden ovalen Grundriß, ihrem spätgotischen Liebfrauenmünster sowie den alten Toren und Türmen, dort das nüchterne schwäbische Industriestädtchen Schwenningen, dessen Hauptattraktion draußen, hinter der Eishockeyhalle liegt: das Schwenninger Moos, ein Moorgebiet, in dem der Neckar entspringt. Kontrastreichere Doppelstädte gibt es kaum einmal. Das *Franziskaner-Museum* in Villingen hat die wohl bedeutendste volkskundliche Sammlung Südwestdeutschlands. Unter den 9000 Objekten finden sich älteste Schwarzwalduhren; lange war der Uhrenbau Haupterwerbszweig auf der rauhen Baar. Auch Schwenningen hat sein Uhrenmuseum, vor allem aber gibt es hier ein internationales *Luftfahrtmuseum*.

Waldshut-Tiengen ㊼ am Hochrhein ist ein erhalten gebliebenes vorderösterreichisches Landstädtchen, dessen Hauptstraße, wie in Freiburg, Kaiserstraße heißt. 1242 wurde Waldshut von den Habsburgern gegründet und blieb mit kleinen Unterbrechungen bis 1805 österreichisch, um schließlich badisch zu werden. Interessant ist hier die Fülle respektabler Bürgerhäuser aus dem 16. bis 18. Jahrhundert mit den charakteristisch vorkragenden Giebeldächern, den sogenannten Hotzengauben. Der Nachbarort Tiengen verdankt sein Erscheinungsbild, das stattliche spätgotische Steinhäuser prägen, sozusagen der kriegerischen Zerstörung durch die Eidgenossen im «Zweiten Schweizer- oder Schwabenkrieg» (1499). Sehenswert ist auch die katholische Pfarrkirche *Sankt Marien* (1751–1753), ein Spätwerk des Vorarlberger Barockbaumeisters Peter Thumb (1681–1766). Nahe der Doppelstadt, in Richtung Norden, erhebt sich als Dominante des zum Hochrhein hin abfallenden Klettgaus die 634 Meter hohe *Küssaburg*, um 1245 gebaut und im Jahr 1634 zerstört; eine weiträumige Ruine mit phänomenalem Blick über den Hochrhein hinweg.

Weinheim ㊽ liegt an der klimatisch begünstigten Bergstraße, die am Westrand des Odenwalds entlangführt und Heidelberg mit Darmstadt verbindet. Bei einer jährlichen Durchschnittstemperatur von 10,1 Grad setzt hier oft schon im März die Mandelblüte ein. Auch ein *Exotenwald* gedeiht direkt neben dem Weinheimer Schloßpark. Hier wachsen auf 49 Hektar über hundert Jahre alte

Im an der Blau, nicht weit von ihrer Mündung in die Donau gelegenen alten Fischer- und Gerberviertel von Ulm mit seinen niedrigen Häusern ist die Erinnerung an den mittelalterlichen Wohn- und Lebensstil bis heute lebendig.

Sumpfzypressen, japanische Sicheltannen, Mammutbäume oder Libanonzedern. Über dem sehenswerten alten Ortskern mit dem kurpfälzischen *Schloß*, dem heutigen Rathaus (1537, mit mehreren Umbauten bis 1868) und dem Deutschordenshaus erhebt sich die romanische *Burgruine Windeck*; sie hat bis zu ihrer Zerstörung im 17. Jahrhundert über die Bergstraße gewacht.

Zwiefalten ㊾, die ehemalige *Benediktinerabtei* am Südwestrand der Schwäbischen Alb, ist nicht nur Höhepunkt des oberschwäbischen Barock, sie gilt als eines der großartigsten geistlichen Bauwerke des 18. Jahrhunderts. Urzelle für dieses im Hochbarock mit der Klosterkirche (1744–1765) vollendete Ereignis war eine romanische Kreuzbasilika (1109), die allerdings 1739 abgerissen wurde. Maßgeblicher Baumeister war auch hier Johann Michael Fischer.

Die schwäbisch-alemannische Fasnacht

Die schwäbisch-alemannische Fasnacht (auch «Fasend» oder «Fasnet») gehört ins katholische Oberland, unterhalb der Linie Offenburg-Rottenburg, ins Gebiet des ehemaligen Vorderösterreich und der ehedem geistlichen Territorien am Bodensee. Insbesondere in den Reichsstädten dieser Region hat sich ein ganz eigenes Narrentreiben ausgebildet. Allenthalben lassen sich alpenländische und auch österreichisch-oberitalienische Einflüsse ausmachen, etwa in den holzgeschnitzten Teufelsmasken oder Figuren wie dem «Bajass» (Bajazzo). Die vordem vorderösterreichische Hauptstadt *Freiburg* ⑩ ist naturgemäß auch eine Narrenhochburg. Aber gerade dort wird deutlich, daß die schwäbisch-alemannische Narretei zwar auf mittelalterliche Impulse zurückgeht, sich aber bis in unsere Tage immer wieder erneuert und verändert. So stammen zwei typische Freiburger Figuren wie Hexe und Teufel erst aus dem Jahr 1963. Die Rottenburger haben ihre uralt wirkende Maske, das «Pompele», erst 1979 eingeführt. Zum schwäbisch-alemannischen Narren («Narro») gehören Maske und Häs. Das Häs kann aus Federn, Maisblättern, Schilf oder Erbsenstroh bestehen. Am häufigsten besteht das schuppige Narrenkleid aus, oft 2000 und mehr, bunten, ziegelförmig abgerundeten Stoffstücken, auch «Spättle» genannt, die wohl nirgendwo ausgeprägter sind als im *Kinzigtal*: Der Offenburger «Spättlehansele» hat gelbe, grüne, blaue, rote, schwarze und weiße Schuppen – und so hüpft er mit seiner lachenden Maske und einer Holzschelle in der Hand durch die Straßen der Stadt. Andere spektakuläre Varianten kann man in den Gassen des ehemaligen Reichsstädtchens Zell am Harmersbach sehen: Das Häs des dortigen «Spielkarten-Narro» besteht aus Hunderten von Spielkarten. Der Zeller «Schneckenhiisli-Narro», dessen Häs rundum mit 2500 Schnecken besetzt ist, muß ein sehr überzeugter Narr sein; er kann sich nicht einmal setzen. Tiefer im Kinzigtal springt ein naher Verwandter herum, der «Nußschalenhansel» mit seinem Häs aus Walnußschalen.

Bei den Kinzigtälern geht das Häs meist in die Haube über, die am Hinterhaupt die Maske hält. In anderen Gegenden trägt der Narr auf der Haube noch gern einen Fuchsschwanz zum Zeichen närrischer Schläue – einer mit zwei Fuchsschwänzen, wie der Schramberger Narro, ist schon ein Oberschlaule.

Prachtvolle Figuren gibt es auch in der Narrenhochburg *Rottweil* ㊱, den «Geschell» etwa mit seiner feingesichtigen Maske, einer sogenannten Glattlarve, deren Vorformen aus dem 14. Jahrhundert stammen. Er trägt sechs mit großen Schellenkugeln besetzte Gürtel um den Leib und lärmt durch die Straßen, daß es seine Art hat. An der Haube hat er gar drei Fuchsschwänze hängen, ein Zeichen unüberbietbarer närrischer Schläue. Der «Geschell» ist, wie alle schellentragenden Narren, ein Frühlingsbeschwörer. Der Rottweiler «Schantle», der «schandlich tut und redet», gibt dagegen einen blasierten «Herrennarren» ab und trägt einen Sonnenschirm. Weit unter seiner Würde wäre es, sich eine Schelle umzuhängen.

Oben: Einmal im Jahr pfeifen viele Offenburger auf ihre solide bürgerliche Existenz und sind nur noch Narren: zur Fasnacht. Hier der Sitz der Hexenzunft.

Unten: Mit seiner lachenden Maske zieht der «Spättlehansele» im bunten Narrenkostüm aus hunderten von Stoffstücken («Spättle») durch die Straßen von Offenburg.

Rechte Seite: Die Geschichte und Entwicklung der bäuerlichen Kultur wird in den Freilichtmuseen des Landes liebevoll präsentiert.

Im Odenwälder Freilandmuseum Walldürn-Gottersdorf (oben) – ein Kleinbauernhaus mit Stallscheune (1798), dahinter ein Armen- und Gemeindehaus (1876).

Im Kreisfreilichtmuseum Kürnbach bei Bad Schussenried. Anschaulich erlebt der Besucher das Dreschen mit der Dampfmaschine (1912) vor dem Kürnbachhaus (Mitte) oder das Saften und Mosten während der «Kürnbacher Handwerkertage» (unten).

Das Rottweiler Fasnetsmotto «Jedem zur Freud und niemand zum Leid» könnte auch aus dem Rheinischen Karneval stammen. Doch wirkt die schwäbisch-alemannische Fasnacht um vieles archaischer, unreglementierter, ja anarchischer. Manches an ihr ist ungeklärt. Für die Herkunft des Namens indes bietet sich nicht nur der Zusammenhang mit «Fasten» und «Fastenzeit» an. «Fasnacht» könnte auch mit «Faseln» zusammenhängen, also mit «Unsinn reden», und, in einem älteren Sinn, auch mit «Unsinn treiben», was zwischen Offenburg und Tettnang, Rottenburg und Säckingen dann auch ausgiebig praktiziert wird. Natürlich nur in der Fasnachtszeit – vom Dreikönigstag, dem 6. Januar, bis zum Aschermittwoch, wobei die Fasnacht so recht erst mit dem Donnerstag vor dem Fasnachtssonntag beginnt, dem «Schmotzige Donschtig», an dem man vielerorts Narrenbäume aufstellt, die, wie in Stockach, 40 Meter lang sein können und unter allerlei Schabernack von den Narren durch den Ort gezerrt werden.

Museen allerorten – Erinnerungen an vergangene Lebenswelten

In Baden-Württemberg gibt es etwa 900 Museen und Ausstellungsstätten, wenn man all die kleinen Heimat- und Bauernstübchen mitzählt, die in den vergangenen 20 Jahren landauf, landab eingerichtet wurden, um sich der letzten Spuren der landwirtschaftlichen und handwerklichen Vergangenheit zu versichern. Es gibt Museen für Besen, Sensen, Maschen, Nadeln, Fingerhüte, Schrauben, Grammophone, Glücksschweine und Gartenzwerge, Museen zum Fleischerei- und Feuerwehrwesen, zum Brotbacken, Schnapsbrennen und zur Bienenzucht …

Die Landesmuseen in Stuttgart und Karlsruhe sind allenthalben bekannt, die Stuttgarter Staatsgalerie und die Baden-Badener Kunsthalle haben internationale Geltung. Zu all dem aber werden hier noch sieben große Freiluftmuseen betrieben, die langsam zu regelrechten historischen Musterdörfern heranwachsen und mittlerweile stolz einen jährlichen Schnitt von einer Dreiviertelmillion Besuchern verzeichnen. Das hohenlohische *Freilandmuseum Wackershofen* bei Schwäbisch Hall ㊴ wurde 1983 gegründet. Es ist auf einem Areal von über 40 Hektar auf mittlerweile 40 Gebäude gediehen – man merkt ihm die kulturell fetten achtziger Jahre an. Das Museum widmet sich der ländlichen Kulturgeschichte Nordostwürttembergs. Die Sozialdokumentation reicht von der großbäuerlichen Oberschicht bis zu den Dorfarmen. Eine Bauernsägemühle ist aufgebaut, und Wackershofen kann mit dem ältesten genossenschaftlichen Lagerhaus renommieren.

Ein Oldtimer unter den ländlichen Freiluftmuseen ist der nach einem der Gebäude benannte «*Vogtsbauernhof*» in Gutach, schon längst Publikumsmagnet im mittleren Schwarzwald. Hier werden beispielsweise drei verschiedene Schwarzwaldhaustypen aus dem 16. und 17. Jahrhundert präsentiert. Reich vertreten ist das bäuerliche, zum autarken Hof gehörende Handwerk mit Säge- und Ölmühle, Hammerschmiede, Hanfreibe, Gerstenstampfer – und, wie im Schwarzwald üblich, einem Brennhäusle für die Obstwasser.

Im oberschwäbischen *Wolfegg* bei Ravensburg ㉞ wird die Bauernkultur des südlichen Oberschwaben und württembergischen Allgäu hauptsächlich mit Häusern aus dem 18. Jahrhundert präsentiert. Auch geht es um den Fischfang – im Mittelpunkt steht ein eindrucksvolles Fischerhaus, in den Weihern ringsum wird Fischzucht betrieben, in der Museumsgaststätte bietet man frische Fische an. Gewissermaßen benachbart liegt das *Kreisfreilichtmuseum Kürnbach*, gruppiert um das letzte noch am Originalstandort befindliche «altoberschwäbische» Bauernhaus (1664).

Neuhausen ob Eck, in der Nähe von Tuttlingen, steht für die Agrarlandschaften Bodensee, Baar, Ostschwarzwald und Schwäbische Alb. Auf 17 Hektar sind hier 17 Häuser, die meisten aus dem 17. und 18. Jahrhundert, untergebracht. Um Mühle und Säge betrei-

Das Römische Freilichtmuseum in Hechingen-Stein: Die erst in den siebziger Jahren entdeckte Gutsanlage (1.–3. Jahrhundert n. Chr.) gehört zu den bedeutendsten römischen Landgütern in Süddeutschland.

ben zu können, wurde sogar ein künstlicher Bach angelegt. Im Zentrum liegt ein kleines Albdorf mit acht Gebäuden und allem, was dazugehört, etwa einem Schulhaus, das zugleich Rathaus, Gefängnis und Lehrerwohnung war. Der Gasthof «Ochsen» stammt aus dem Jahr 1707; auf den Äckern ringsum wachsen mit Emmer und Einkorn gewissermaßen vorgeschichtliche Getreidesorten.

Das *Odenwälder Freilandmuseum Walldürn-Gottersdorf* zeigt zehn Gebäude aus den Regionen Unterer Neckar, Odenwald, Bauland und Taubertal. Herausragendes Stück ist der an Ort und Stelle restaurierte Schüßlerhof (1725) mit ländlichen Wandkolorationen vom 18. bis zum 20. Jahrhundert – ein überraschendes Zeugnis bäuerlichen Lebensstils. Das liebevolle, dekorative Ausmalen der Innenräume mit Schablonen oder Farbwalzen war eine Odenwälder Besonderheit, die man bis in die fünfziger Jahre hinein beibehielt.

Wie es vor etwa 1700 Jahren einem begüterten Römer im Südwesten ging, wie es sich hier leben ließ, zeigt das *Römische Freilichtmuseum* am Fuß des Hohenzollern in Hechingen-Stein ⑬, eine aufgrund von Ausgrabungen restaurierte Portikus-Villa von beträchtlicher Ausdehnung mit rekonstruierten Säulengängen und Innenräumen. Eine Pflicht zumindest für jeden Lateinschüler.

Land der Bäder

Baden-Württemberg ist Deutschlands bedeutendstes Kur- und Bäderland. Insgesamt gibt es 59 Heil- und Kurorte, kein Wunder, wenn schon der Name von «Baden» dominiert wird. Der tiefere Grund für diesen Segen liegt in der Erdgeschichte. Durch den Gesteinsaufbau der vergangenen 500 Millionen Jahre hat sich hier eine besondere geologische Situation ergeben – vom Granit über den Gneis bis zu den Sandsteinen oder Sedimenten. Ein geologischer Untergrund, der entweder salinäre oder schwefelhaltige Wässer oder auch Mischungen aus beidem ermöglicht. *Baden-Baden* ① zum Beispiel, wo bereits die römischen Legionäre ihre Wunden auskurierten, verfügt über salinäre Wasservorkommen, die bis zu 68 Grad heiß aus dem Erdboden drängen. Überhaupt ist der tektonisch arg «zerrüttete» Oberrheingraben geradezu ideal beschaffen für solche Thermalwasseraufstiege.

Die größten Mineralwasservorkommen Westeuropas quellen im Stuttgarter Stadtteil *Bad Cannstatt* empor. Ihnen liegt ein 150 Quadratkilometer großes Einsickerungsgebiet nordwestlich im Strohgäu zugrunde. So kann man in der Landeshauptstadt mit einer ambulanten «Stuttgarter Kur» seine rheumatischen Leiden lindern, zu deren Abhilfe übrigens auch die Moor- und Torfbäder Oberschwabens prädestiniert sind, also etwa *Bad Buchau*, *Bad Schussenried* oder *Bad Waldsee*. Insgesamt reicht das Alphabet der Heilangebote von Asthma bis Zystitis, aber die Hauptmühen gelten der Aufrechterhaltung des Bewegungsapparats. Von Baden-Baden, an dessen Marktplatz es im 15. Jahrhundert schon zwölf Badherbergen gab, in denen Mann und Weib in winzigen Badkästen beieinandersaßen, «nackend wie die Frösch», gibt es folgende «Wirkungsgeschichte»: Der Pfalzgraf Otto Heinrich soll sich bei den Prozeduren so gut erholt haben, daß er alsbald sein Pferd bestieg und dem Wirt zurief: «Seht, so bald reit ich!» Dieser ehemalige Gasthof heißt deshalb noch heute «Baldreit»; das Heimatmuseum ist dort untergebracht. Die württembergischen Herrscher reisten ins still versteckte schwäbische *Teinach*, «um an diesem berühmten Gesundbrunnen die verlohrnen Kräfte wieder zu erhalten». 1770 zog Herzog Karl Eugen mit seinem gesamten Hofstaat ein, zu dessen Beförderung 1200 Pferde benötigt wurden.

Badeorte machen durch ihre Architektur auf sich aufmerksam. Bereits um 1620 ließ Württembergs Herzog Friedrich I. Heinrich Schickhardt in Teinach bauen, in Wildbad entwarf der württembergische Klassizist Nikolaus Friedrich von Thouret das Eberhardsbad, in Baden-Baden bauten Weinbrenner, Hübsch und Durm, dessen Augustabad man 1962 abgerissen hat – eine Schandtat. Dafür fließt dem Baden-Badener Hotelgast heute das Thermalwasser direkt in die Wanne. Nicht von ungefähr hieß Baden-Baden schon bei den Römern «Aquae», die Wasser. (Ein «Bäderbuch», das beim Heilbäderverband in Freiburg, Postfach 753, zu erhalten ist, informiert erschöpfend über die 59 Orte und ihre Heilanzeigen.)

BADEN-WÜRTTEMBERG
N
0
20 km
Schloß, Schloßruine
Kloster
Kirche
Darmstadt
HESSEN
Würzburg
Main
Wertheim
Miltenberg
Tauberbischofsheim
Worms
Weinheim
Mannheim
Ludwigshafen
Heidelberg
Ladenberg
Kaiserslautern
Neustadt
RHEINLAND-PFALZ
Schwetzingen
Neckarsteinach
Neckargemünd
Walldürn
Walldürn-Gottersdorf
Buchen
Lauda-Königshofen
Bad Mergentheim
Weikersheim
Creglingen
Tauber
Rothenburg ob der Tauber
BAYERN
Mosbach
Gundelsheim
Schöntal
Künzelsau
Langenburg
Hohenloher Ebene
Sinsheim
Kraichgau
Bad Wimpfen
Neckarsulm
Öhringen
Neuenstein
Pirmasens
Landau
Rhein
Bruchsal
Heilbronn
Crailsheim
Schwäbisch Hall
Groß-Comburg
Vellberg
Bühler
Dinkelsbühl
Jagst
Lauffen
Besigheim
Gaildorf
Karlsruhe
Bretten
Maulbronn
Murrhardt
Ettlingen
Pforzheim
Bietigheim-Bissingen
Marbach
Ellwangen
Lauchheim
FRANKREICH
Rastatt
Bietigheim
Neuenburg
Markgröningen
Ludwigsburg
Kocher
Bopfingen
Bad Herrenalb
Tiefenbronn
Waiblingen
Schwäbisch Gmünd
Aalen
Lorch
Bad Liebenzell
Weil der Stadt
Stuttgart
Baden-Baden
Hirsau
Calw
Sindelfingen
Esslingen
Hohenstaufen
Neresheim
Göppingen
Forbach
Bad Teinach-Zavelstein
Heidenheim
Böblingen
Rheinau
Kirchheim
Geislingen
Straßburg
Achern
Altensteig
Nürtingen
Bebenhausen
Herrenberg
Tübingen
Metzingen
Donau
Offenburg
Reutlingen
Bad Urach
Schwarzwald
Neckar
Pfullingen
Ortenberg
Gengenbach
Freudenstadt
Horb
Rottenburg
Kinzig
Münsingen
Günzburg
Lichtenstein
Blaubeuren
Ulm
Neu-Ulm
Haigerloch
Stein
Lahr
Zell
Alpirsbach
Hechingen
886 Kornbühl
Steinach
Wolfach
Oberndorf
Schwäbische Alb
Ettenheim
Haslach
Schiltach
Balingen
Burladingen
Kirnbach
Gammertingen
Ehingen
Krumbach
Gutach
Hornberg
Meßstetten
Zwiefalten
Obermarchtal
Oberrheinische Tiefebene
Endingen
Elzach
Rot
Emmendingen
Rottweil
Riedlingen
Oberrotweil
Triberg
Burkheim
557 Kaiserstuhl
Waldkirch
Furtwangen
Sigmaringen
Biberach
Ochsenhausen
Breisach
Villingen-Schwenningen
Beuron
Bad Buchau
Oppingen
Sankt Märgen
Bad Dürrheim
Mengen
Steinhausen
Rot an der Rot
Sankt Peter
Saulgau
Bad Schussenried
Kürnbach
Memmingen
Freiburg
Donaueschingen
Tuttlingen
Messkirch
Ottobeuren
Titisee-Neustadt
Pfullendorf
Bad Waldsee
Bad Wurzach
Staufen
Münstertal
Feldberg 1493
Löffingen
Badenweiler
Belchen 1414
Todtnau
Bonndorf
Blumberg
Stockach
Wolfegg
Leutkirch
Markgräfler Land
Sankt Blasien
Weingarten
Kißlegg
Singen
Salem
Breisgau
Kandern
Schaffhausen
Hegau
Überlingen
Birnau
Ravensburg
Kempten
Schopfheim
Allensbach
Reichenau
Mainau
Meersburg
Tettnang
Isny
Wangen
Maulburg
Waldshut-Tiengen
Konstanz
Lörrach
Bad Säckingen
Küssaburg
Stein am Rhein
Kreuzlingen
Friedrichshafen
Langenargen
Bodensee
Basel
Bülach
Lindau
Immenstadt
Brugg
Winterthur
Bregenz
SCHWEIZ
Sankt Gallen
Dornbirn
ÖSTERREICH
Oberrhein

Register

Kursive Ziffern verweisen auf Abbildungen

Personenregister

Orts- und Sachregister

Text- und Bildnachweis

Textnachweis

Annette von Droste-Hülshoff: Briefe, hg. von K. Schulte-Kenninghausen. Bd. 2, Jena 1944.
Peter Härtling: Über Heimat. Ludwigsburg: Aigner Verlag 1982.
Wilhelm Hauff: Das kalte Herz, in: Werke, Band 1, Stuttgart 1961.
Johann Peter Hebel: Aus dem Schatzkästlein des Rheinländischen Hausfreundes, Werke, hg. von E. Meckel. Bd. 1, Frankfurt/Main: Insel Verlag 1968.
Hermann Hesse: Der Brunnen im Maulbronner Kreuzgang, in: Die Kunst des Müßiggangs. Kurze Prosa aus dem Nachlaß, hg. von Volker Michels. Frankfurt/Main: Suhrkamp Verlag 1973.
Friedrich Hölderlin: Brief an die Mutter, 3. Juni 1788, in: Sämtliche Werke und Briefe. Bd. 2, hg. von Günter Mieth. München: Hanser Verlag 1970.
Marie Luise Kaschnitz: Orte. Aufzeichnungen. Frankfurt/Main: Insel Verlag 1973.
Justinus Kerner: Das Bilderbuch aus meiner Knabenzeit. Braunschweig 1849.
Eduard Mörike: Brief an Friedrich Theodor Vischer, in: Briefwechsel zwischen Eduard Mörike und Friedrich Theodor Vischer, hg. von R. Vischer. München 1926.
Reinhold Schneider: Lebensringe, in: Leben und Werk im Bild. Frankfurt/Main: Insel Verlag 1977.
Gustav Schwab: Die Schwäbische Alb. Stuttgart: Verlag Adolf Bonz u. Comp. 1878.

Bildnachweis

Archiv für Kunst und Geschichte, Berlin: S. 33 u.l., 34 (2), 35, 36 o.l., o.r. und u.l., 72 (2), 76 o.r., 77, 78 o. (3) und M.r., 79 u.M. und u.r., 91 u.l., 96 o.r. und M.l., 99, 105 (4)
Archiv und Museum der Stadt Göppingen: S. 94 u.
Bildarchiv Bucher, München: S. 76, 95 M. und u., 96 o.l. und M. (2)
Dieter Blase, Bremen: S. 39 u.r., 70 u.r., 144/145 M., 149 o.
Manfred Braunger, Freiburg: S. 10/11 (5), 39 o.r., 42, 43 (2), 44 u. (2), 120 u., 150
Daimler-Benz-Archiv, Stuttgart: S. 96 M.r. und u.
Deutsches Krebsforschungsinstitut, Heidelberg: S. 101 u.r.
Deutsches Museum, München: S. 94/95 o.
Deutsche Weininformation, Mainz: S. 41
Firma Kienzle, Schwenningen: S. 102 o.
Förderverein Kulturdenkmale Stein: S. 154
Fraunhofer Institut für Produktionstechnik und Automatisierung, Stuttgart: S. 101 o.r.
IBM, Stuttgart: S. 101 o.l.
Kreisfreilichtmuseum Kürnbach: S. 153 M. und u.
Landesbildstelle Württemberg, Stuttgart: S. 33 o., M.l. und u.r., 91 M.l., 96 o.l., 97, 98, 117
Werner Neumeister, München: S. 69, 70 o.l., 118 (3), 119 o., 123 (3), 124 o.l. und u.r., 125 o.r. und M.r., 144 o.l. und u.l., 145 (3)
Odenwälder Freilandmuseum: S. 153 u.
Werner Otto, Oberhausen: S. 38 l. (3), 70/71 M.
Reiß-Museum, Mannheim: S. 95 o.r.
Schiller-Nationalmuseum, Marbach: S. 78 u.r., 79 o. und u.l.
Antonia Schwarz: S. 127 (2)
Staatstheater Stuttgart: S. 75 (2)
Stadtarchiv Ulm: S. 92, 151 u.
Städtische Sammlungen Tübingen: S. 63, 94 o.l.
Stadtverwaltung Konstanz: S. 94 u.l.
Süddeutscher Bilderdienst München: S. 36 o.M. und u.r., 76 u.r., 91 o.r. und u.
Verlag Gebr. Metz, Tübingen: S. 102 u. (2)
Wieland-Museum, Biberach an der Riß: S. 78 u.l.

Alle übrigen Abbildungen stammen von Josef Bieker und Ulrike Romeis.

Die Karte auf Seite 155 zeichnete Astrid Fischer-Leitl, München.

Vor- und Hintersatz: Bei Sankt Märgen im Schwarzwald.

Wir danken allen Rechteinhabern und Verlagen für die Erlaubnis zu Nachdruck und Abbildung. Trotz intensiver Bemühungen war es nicht möglich, alle Rechteinhaber zu ermitteln. Wir bitten diese, sich an den Verlag zu wenden.

Alle Angaben dieses Bandes wurden von den Autoren sorgfältig recherchiert und vom Verlag auf Stimmigkeit und Aktualität geprüft. Allerdings kann keine Haftung für die Richtigkeit der Informationen übernommen werden. Für Hinweise und Anregungen sind wir jederzeit dankbar. Zuschriften bitte an Verlag C. J. Bucher, Lektorat, Goethestraße 43, 80336 München.

Impressum

Konzeption: Axel Schenck
Bildgestaltung: Joachim Hellmuth
Lektorat: Gerhard Seidl, Susanne Kronester
Anthologie: Cornelia Fischer
Bilddokumentation: Angelica Pöppel
Graphische Gestaltung: Barbara Markwitz
Herstellung: Angelika Kerscher

Technische Produktion: Fotosatz Ressemann, Hochstadt;
Lana Repro GmbH, I-Lana;
Druckerei Eberl, Immenstadt;
Buchbinderei Sigloch, Künzelsau

Printed and bound in Germany
ISBN 3 7658 0851 2

EDITION DIE DEUTSCHEN LÄNDER

ISBN 3-7658-0851-2

ISBN 3-7658-0811-3

ISBN 3-7658-0948-9

ISBN 3-7658-0937-3

ISBN 3-7658-0939-X

ISBN 3-7658-0852-0

ISBN 3-7658-0739-7

ISBN 3-7658-0916-0

ISBN 3-7658-0738-9

ISBN 3-7658-0770-2

BUCHER
Maßstab für Bildbandqualität

Die vielen Gesichter und Gegensätze aller 16 Bundesländer portraitiert die EDITION DIE DEUTSCHEN LÄNDER. Autoren von Rang beschreiben einfühlsam «ihr» Land, aktuelles und historisches Bildmaterial läßt den Charakter der Region einst und heute lebendig werden. Dazu literarische Annäherungen an das Land und seine Bewohner, Städteportraits sowie ein praktischer Reiseteil mit Karten.

ISBN 3-7658-0835-0

ISBN 3-7658-0836-9

ISBN 3-7658-0941-1

ISBN 3-7658-1009-6

Jeder Band 160 Seiten. Durchgehend farbig, historische Bilddokumentation. Format 24 x 30 cm. Gebunden, mit farbigem Schutzumschlag. Hervorragendes Preis-Leistungsverhältnis. Zum Teil mit fremdsprachigen Bildlegenden.

ISBN 3-7658-0699-4

ISBN 3-7658-0680-3